烟台工贸技师学院职业素养培养系列丛书

职业道德教育与养成训练

王洪军 李玮玮 鞠 洁 ◎主编

中国书籍出版社
China Book Press

本书编委会

主　任　张　丛　于元涛
副主任　梁聪敏　李翠祝　孙晓方　王宗湖
　　　　李广东
委　员　于　萍　李　红　任晓琴　邓介强
　　　　路　方　王翠芹
主　编　王洪军　李玮玮　鞠　洁
副主编　张艳娜　张婷婷　孙淑晶　郝玲娟
　　　　邹晓静　邢伟凤

前 言

职业道德修炼是指从业人员按照职业道德的基本原则和规范，在职业活动中进行自我教育、自我改造、自我完善，使自己形成良好的职业道德品质和职业行为习惯的过程。职业道德修炼贯穿于一个人的职业生涯的全过程。

职业院校学生在校学习期间正处在职业准备阶段。职业准备期是一个人就业前从事专业、职业技能学习的时期，这一阶段的主要任务是：发展职业想象力，培养职业兴趣和能力，对职业进行评估和选择，接受必需的职业教育和培训。因此，这一阶段也是开展职业道德修炼的关键期，必要的职业道德教育有助于学生正确认识自我，合理地进行职业定位，树立正确的择业观和就业观，养成良好的职业态度和职业行为习惯，为成功实现就业打下坚实的基础。

本教程分为上篇、下篇。上篇为职业道德教育，旨在普及学生对职业道德规范的认知和掌握职业道德修炼的方法。下篇为养成训练，旨在帮助学生树立职业理想，端正职业态度，养成良好的职业习惯，不断提高职业道德水平和职业素养。

本教程的授课建议：

1. 启发学生善于观察、勤于思考、明辨是非。通过案例教学、故事分享，启发学生养成观察自己和他人言行的习惯；在思考的基础上做出正确的判断，崇德向善。

2. 教导学生寻找标杆、学习模仿、自我改造。在明辨是非的基础上，正确地认识自己，向榜样学习，确立整改目标、制定整改措施、落实整改时限，保证整改效果。

3. 与学生一起修炼，做到知行合一。道德修炼是一个长期的过程，需要个人坚定理想信念，谨慎独处，以积极的心态面对一切可能出现的困难和问题，以顽强的意志克服自身的惰性，从点滴小事做起，不断修身立德，完善自己。

由于编者水平有限，加上时间仓促，书中难免出现疏漏或不足之处，敬请广大读者予以批评指正。

编　者

2017 年 5 月

目录 CONTENTS

上篇　职业道德教育

第一章　职业道德概述 ··· 3

第二章　社会主义职业道德基本规范 ···································· 16
规范一　爱岗敬业 ··· 17
规范二　诚实守信 ··· 25
规范三　办事公道 ··· 33
规范四　服务群众 ··· 38
规范五　奉献社会 ··· 43

第三章　职业道德修炼的方法 ·· 50
方法一　学习 ··· 51
方法二　自省 ··· 60
方法三　积善 ··· 64
方法四　慎独 ··· 65

下篇　职业道德养成训练

第四章　制定目标 ·· 71
第一节　确定职业目标 ··· 73
第二节　培养事业心 ·· 79

第五章　落实责任 ·· 88

第一节　培养方法能力 …………………………………… 92
　　第二节　承担职业责任 …………………………………… 118

第六章　遵守规则 …………………………………………… 126
　　第一节　养成诚信的态度 ………………………………… 127
　　第二节　修养职业良心　遵守职业纪律 ………………… 135

第七章　优质高效 …………………………………………… 141
　　第一节　培养阳光稳定的心态 …………………………… 142
　　第二节　培养自主创新的工作作风 ……………………… 154

附录一：企业优秀员工标准 ………………………………… 165
附录二：企业不合格员工的表现 …………………………… 166
附录三：比尔·盖茨给青年人的 11 条准则 ………………… 167
附录四：各行业从业人员职业守则 ………………………… 169

参考文献 ……………………………………………………… 175

上篇 职业道德教育

第一章　职业道德概述

学习目标

1. 认知职业道德的定义。
2. 明确职业道德建设的基本原则和内容。
3. 增强职业道德修炼的使命感和决心。

智慧分享

案例一：张林同学在初中时贪玩，没有考上高中，考虑到他年龄还小，因此，父母为他选择了一所职业学校就读，等到征兵年龄了再送他去当兵。军训期间，当老师问他："你为什么选择就读我们学校？"他一脸的迷茫，说："我妈让我来的。"

案例二：小张同学在校学习期间，忽视了职业道德的修炼，定岗实习时，她在一家四星级酒店实习，在传菜员将菜递到她手中时，她对盘中的大虾垂涎欲滴，偷偷地拿出两个放在抽屉中，引起了客人的投诉。

思 考

1. 谈谈你对上述两个案例中学生的看法。

2. 职业学校的学生有必要学习职业道德吗？

一、认知职业道德的定义

道德是以善恶评价为标准，依靠社会舆论、传统习俗和人的内心信念的力量来调整人们之间相互关系的行为规范的总和。道德贯穿于社会生活的各个方面，如社会公德、婚姻家庭道德、职业道德等。它通过确立一定的善恶标准和行为准则，来约束人们的相互关系和个人行为，调节社会关系，并与法一起对社会生活的正常秩序起保障作用。道德有时专指道德品质或道德行为。

职业道德就是从事一定职业的人们在特殊的职业关系中，在长期职业活动的基础上形成的、具有自身职业特征的职业道德原则和规范的总和。

二、了解职业道德的产生与发展

职业道德是随着社会分工的发展，并出现相对固定的职业集团时产生的。人们的职业生活实践是职业道德产生的基础。在原始社会末期，由于生产和交换的发展，出现了农业、手工业、畜牧业等职业分工，职业道德开始萌芽。进入阶级社会以后，又出现了商业、政治、军事、教育、医疗等职业。在一定社会的经济关系基础上，这些特定的职业不但要求人们具备特定的知识和技能，而且要求人们具备特定的道德观念、情感和品质。各种职业集团为了维护职业利益和信誉，适应社会的需要，从而在职业实践中根据一般社会道德的基本要求，逐渐形成了职业道德规范。在古代文献中，就有关于职业道德规范的记载。例如，公元前6世纪的中国古代兵书《孙子兵法·计》中，就有"将者，智、信、仁、勇、严也"的记载。智、信、仁、勇、严这五德被中国古代兵家称为将之德。明代兵部尚书于清端提出的封建官吏道德修养的六条标准，被称为"亲民官自省六戒"，其内容有"勤抚恤、慎刑法、绝贿赂、杜私派、严征收、崇节俭"。中国古代的医生，在长期的医疗实践中形成了优良的医德传统。"疾小不可云大，事易不可云难，贫富用心皆一，贵贱使药无别"，是医界长期流传的医德格言。公元前5世纪古希腊的《希波克拉底誓言》，是西方最早的医界职业道德文献。一定社会的职业道德是受该社会的分工状况和经济制度所决定和制约的。在封建社会，自给自足的自然经济和封建等级制不仅限制了职业之间的交往，而且阻碍了职业道德的发展。只是在某些工业、商业的行会条规以及从事医疗、教育、政治、军事等业的著名人物的言行和著作中包含有职业道德的内容。在这一社会的行业中，也出现过具有高超技艺和高尚品德的人物，他们的职业道德行为和品质受到广大群众的称颂并世代相袭，逐渐形成优良的职业道德传统。资本主义商品经济的发展，促进了社会分工的扩大，职业和行业也日益增多。各种职业集团，为了增强竞争能力、增值利润，纷纷提倡职业道德，以提高职业信誉。在许多国家和地区，还成立了职业协会，制定协会章程，规定职业宗旨和职业道德规范，从而促进了职业道德的普及和发展。在资本主义社会，不但先前已有的将德、官德、医德、师德等进一步丰富和完善，而且出现了许多以往社会中所没有的道德，如企业道德、商业道德、律师道德、科学道德、编辑道德、作家道德、画家道德、体育道德等。但是，由于资产阶级的利己主义和金钱至上的观念，使职业道德的作用在资本主义社会中受到很大的限制。也由于资本主义社会的性质，决定了某些职业道德的虚伪性，需要时就提倡它，不需要时就践踏它，往往是做表面文章，自我吹嘘。

社会主义的职业道德是适应社会主义物质文明和精神文明建设的需要，在共产主义道德原则的指导下，批判地继承了历史上优秀的职业道德，并在此基础上发展起来的。由于社会主义的各行各业没有高低贵贱之分，在职业内部的从业人员之间、不同职业之间以及职业集团与社会之间没有根本的利害冲突，因此，不同职业的人们可以形成共同的要求和道德理想，树立热爱本职工作的责任感和荣誉感。中国各行各业制定的职业公约，如商业和其他服务行业的"服务公约"、人民解放军的"军人誓词"、科技工作者的"科学道德规范"以及工厂企业的"职工条例"中的一些规定，都属于社会主义职业道德的内容，它们在职业生活中已经发挥了巨大的作用。

三、掌握社会主义职业道德的基本内容

职业道德是社会主义精神文明建设特别是社会主义公民道德建设的重要内容之一。《公民道德建设实施纲要》指出："职业道德是所有从业人员在职业活动中应该遵循的行为准则，涵盖了从业人员与服务对象、职业与职工、职业与职业之间的关系。随着现代社会分工的发展和专业化程度的增强，市场竞争日趋激烈，整个社会对从业人员职业观念、职业态度、职业技能、职业纪律和职业作风的要求越来越高。要大力倡导以爱岗敬业、诚实守信、办事公道、服务群众、奉献社会为主要内容的职业道德，鼓励人们在工作中做一个好的建设者。"这既明确了职业道德的基本内涵、重要意义，又确定了职业道德的主要规范和加强职业道德建设的落脚点。

四、熟知职业道德建设的基本原则

1. 为人民服务原则

为人民服务原则是公民道德建设的核心，是社会主义道德区别和优越于其他社会形态道德的显著标志。它不仅是对共产党员和领导干部的要求，也是对广大群众的要求。为人民服务体现了社会主义"我为人人，人人为我"的人际关系的本质。每个公民不论社会分工、能力大小，都能够在本职岗位通过不同形式做到为人民服务。这是每个从业人员职业行为的出发点。与此同时，每个从业人员都在相互服务的情况下生活着，人人都是服务对象，人人又都在为他人服务。

为人民服务原则要求我们正确处理个人与社会、竞争与协作、先富与共富、经

济效益与社会效益等的关系；树立正确的人生观、世界观、价值观；以服务人民为荣、以背离人民为耻；在职业生活中，面对领导、同事、客人，能够做到尊重人、理解人、关心人，发扬社会主义人道主义精神，为人民、为社会多做好事，反对拜金主义、享乐主义和极端个人主义，形成体现社会主义制度的优越性、促进社会主义市场经济健康有序发展的良好道德风尚。

2. 集体主义原则

集体主义是一种先公后私、公私兼顾的思想，是坚持集体利益高于个人利益、兼顾集体利益与个人利益的价值观念和行为准则，是社会主义经济、政治和文化建设的必然要求。在社会主义社会，人民当家作主，国家利益、集体利益和个人利益根本上的一致，使集体主义成为调节三者利益关系的重要原则。

集体主义原则要求我们正确认识和处理国家、集体、个人的利益关系，在职业生活中，个人利益要服从集体利益，局部利益要服从整体利益，当前利益要服从长远利益，要有大局意识、团队精神、全局观念，要用发展的眼光看待一切事物，反对小团体主义、本位主义和损公肥私、损人利己的行为，把个人的理想与奋斗融入广大人民的共同理想和奋斗之中，与企业、国家共命运。

3. 人道主义原则

人道主义是源于欧洲文艺复兴时期的一种思想，提倡关怀人、尊重人、以人为中心的世界观，主张人格平等、互相尊重。

人道主义最基本的要求就是人人平等。在现阶段，人人平等虽然还不可能完全实现，但人人平等的原则应该得到坚持和弘扬，主要体现在两个方面：一是权利平等。即不分性别、种族、职务、社会出身、宗教信仰、财产状况等，每个人都享有平等的权利，承担同等的义务。权利平等要靠法律来保障，这就要求法律面前人人平等。二是机会平等。要为社会各阶层的人提供平等的竞争环境，尽可能使人们的收入同他们付出的代价相对应。

人道主义呼吁重视人的价值，关心人的幸福、发展和自由，这是人类社会发展的需要，也是人的自身发展的需要。人的价值包括自我价值和社会价值。自我价值是指人们对于自身的意义和作用，是人们对于自己需要的自我满足。社会价值是个人或群体对于社会的意义和作用。人道主义要求重视人的价值，国家和社会应尽可能为每一个人自我价值的实现创造有利条件。重视人的自我价值和社会价值，就要求关心人的幸福、发展和自由。

人道主义要求尊重个人利益。国家和社会应充分尊重和关心每个成员合法的个人利益，保障个人权利，尽可能满足个人的正当需要。当集体、社会利益同个人利益发生矛盾时，应在保证社会稳定和发展需要的前提下，尽可能兼顾、协调国家、集体和个人的利益，尽可能避免使个人遭受不必要的损失，同时要给利益受损的个人以适当的补偿。在尊重、肯定合理的个人利益的同时，人道主义也谴责极端利己主义。极端利己主义为了一己私利，不择手段，在满足自己利益的同时，不惜损害其他人的利益。人道主义要求尊重每个人合理的个人利益，必然要反对建立在损害其他个体利益基础上的极端利己主义。

在现代社会，应当充分尊重和保障人权，保证人民依法享有广泛的权利和自由。而个人在行使其权利和自由时，也应尊重他人的权利和自由，尊重一切人的权利和自由并保障其得到最大程度的实现。

对于弱势群体，我们应给予人道主义的关怀，要保障和维护弱势群体的权利和利益。就国家而言，要建立并完善基本的社会保障制度，保障弱势群体拥有基本的生存和生活资料；促进教育机会的均等；要提倡平等相待、团结互助、扶弱济贫，反对社会歧视。就社会而言，社会各方面的力量应对弱势群体实施社会援助。各种社会团体和组织应发挥各自的特点和优点，继续开展各项救助和送温暖活动；各级民政部门和各种社会慈善机构，要积极倡导、组织开展公益捐赠活动，广泛募集善款善物，支援困难群众。

对于遭遇灾害的其他国家和地区，我们应该给予必要的人道主义救助。主要还是资金和物资的援助，但不应仅仅是简单地向灾民提供资金和物资援助，还应包括精神上的支持和尊重，维护灾民的尊严，尊重他们的信仰等。

霸权主义和强权政治是威胁当今世界和平与发展的主要根源，也和人道主义原则背道而驰。站在人道主义的立场上，我们必须反对霸权主义和强权政治，反对大国欺压小国，强国欺压弱国，富国欺压穷国，各国的国内事务应由本国政府和人民决定，国际事务应由各国政府和人民平等协商。

恐怖主义通过暴力和血腥剥夺别人的生命和财产，严重违反了人道主义准则。站在人道主义的立场上，中国主张反对一切形式的恐怖主义。无论恐怖主义发生在何时、何地，针对何人，以何种形式出现，国际社会都应采取一致立场，坚决予以打击。

五、明确职业道德建设的内容

（一）树立职业理想

托尔斯泰曾说过："理想是指路的明灯，没有理想就没有坚定的方向，就没有生活。"理想是前进的方向，是心中的目标。人生发展的目标是通过职业理想来确立，并最终通过职业理想来实现。

职业理想源于现实又高于现实，它比现实更美好。为使美好的未来和宏伟的憧憬变成现实，人们会以坚忍不拔的毅力、顽强的拼搏精神和开拓创新的行动去为之努力奋斗。

那么什么是职业理想呢？

所谓职业理想，是个人对未来职业的向往和追求，既包括对将来所从事的职业种类和职业方向的追求，也包括事业成就的追求。青年时期是学生的人生观、世界观形成的时期，也是我们的职业理想孕育的关键时期。作为理想重要组成部分的职业理想，它体现了人们的职业价值观，直接指导着人们的择业行为。

一个人职业理想的内容会因时因地因事的不同而变化。随着年龄的增长、社会阅历的增强、知识水平的提高，职业理想会由朦胧变得清晰，由幻想变得理智，由波动变得稳定。

社会的分工、职业的变化，是影响一个人职业理想的决定因素。生产力发展水平的不同、社会实践的深度和广度不同，人们的职业追求目标也会不同，因为职业理想是一定的生产方式及其所形成的职业地位、职业声望在一个人头脑中的反映。例如，计算机的诞生，从而演绎出与计算机相关的职业，如计算机工程师、软件工程师、计算机打字员等职业。

我们要站在合适的起点上制定自己的职业理想，而职业院校是制定职业理想的起点。制定职业理想首先要了解自己——你能做什么人，人最难看清楚的就是自己。失去"自我"的职业憧憬是"空中楼阁"、"水中之月"，是可望而不可及的。只有从自身出发，从自己所受的教育、自己的能力倾向、自己的个性特征、自身的身体健康状况出发，才能够准确定位，瞄准适合自己的岗位而去不懈努力。其次还要了解职业——要你干什么，并非所有的职业都适合你，也并非你能胜任所有的职业岗位。每种职业都有与之相适应的职业能力要求。除了具备观察、思维、表达、操作、公关等一般能力之外，一些特殊行业还有特殊要求。最关键的就是了解社会——让你干什么，职业的存在和发展与社会的需求是紧密联系的。因此，了解社会的需求是成功择业、就业的关键。了解社会主要是要了解社会需求量、竞争系数和职业发展趋势。

职业理想在现实生活中具有参照物的作用，它指导并调整着我们的职业活动。当一个人在工作中偏离了理想目标时，职业理想就会发挥纠偏作用，尤其是在实践中遇到困难和阻力时，如果没有职业理想的支撑，人就会心灰意冷、丧失斗志。此外，如果一个人只把自己的追求定位在找到"好工作"上，即便是将来有实现的可能，也不能算是崇高的职业理想，因为，这样的理想一旦实现，他就会不思进取，甚至虚度年华。总之，一个人只有树立正确的职业理想，无论是在顺境还是逆境，都能奋发进取、勇往直前。

也许在实现理想的路上不是一帆风顺的，但只要有信心，最终都会实现。在不能为自己的理想做些什么的时候，要形成"自找市场"的就业观，要确立"先求生存，再求发展"就业观。职业理想不是一步到位、一蹴而就的目标，它需要我们在不断的实践中、不断的进退中来实现。

(二) 端正职业态度

态度是一种处事的信念和行为准则，它是人们判断是非、行为选择的根基和动力。有什么样的态度就有什么样的行为，有什么样的行为就会有什么样的结果。"成功始于心态"、"态度决定一切"是我们常常提到的。职业态度就是指个人对职业选择所持的观念和态度，职业态度好与坏将决定一个人对企业的贡献的大小，决定他能否成为一个优秀的员工。我们从事职业，不仅是为了个人的生存与发展，还要考虑对家庭承担的责任，以及对企业乃至社会承担的责任。工作是人生中最重要的组成部分，它不仅为人提供了经济来源，而且是人在现代社会中保持身心健康的重要因素。有职业是美好的，从事职业的过程应该是快乐的。我们要愉快地生活、愉快地工作。为了自身的发展、企业的壮大以及社会的繁荣与进步，我们要树立正确的职业态度，这是从业者做好本职工作的前提。

个人的职业态度对其职业选择的行为有所影响。观念正确、心态健全的人，对职业的选择较积极、慎重，作出正确选择的机会较大，相反地，观念不正确、心态不健全的人，对职业的选择具有推诿搪塞、轻忽草率及宿命论的倾向。因此，正确的职业态度的养成是职业院校学生职业道德修炼的一项重要内容。

一个人对职业的态度大致可分为五个阶段：了解、喜欢、热爱、沉醉、奉献。作为一名职业院校的学生，在入学的专业选择上存在一定的盲目性，一是不知道自己将来的职业定位，二是因为没有考上高中（或大学）的无奈之举，三是父母的殷切希望。因此，入学之后，通过专业学习，在老师的引导下，逐步对将来所从事的职业有了了解，逐步建立起对专业的兴趣、对职业的憧憬和向往，为将来踏上工作岗位、爱岗敬业打下坚实的基础。

正确的职业态度的养成，一方面取决于个人对待做人、做事、学习的态度，养成良好的行为习惯。学会做人，做到真诚待人、诚实守信、认真负责、自信自强；学会做事，做到遵守规则、讲究效率、友善合作、合理消费；学会学习，做到主动学习、独立思考、学用结合、总结反思。

另一方面取决于个人的心态和心理素质。在人的一生中，没有一个人是一帆风顺的，每个人都会遇到挫折和失败的。但是，如何在职业生涯中面对失败和挫折而不断进取，需要拥有积极的心态，也就是积极、奋发、乐观、进取的心态。

积极心态主要是指积极的心理态度或状态，是个体对待自身、他人或事物的积极、正向、稳定的心理倾向，它是一种良性的、建设性的心理准备状态。积极心态与消极心态是相对而言的，面对生活的压力与历练，若积极心态战胜了消极心态即会促进人的进步，激发人性的优点使之为善；若消极心态战胜了积极心态即会阻碍人的进步，激发人性的缺点使之为恶。积极心态是一种主动积极的思维方式，可以帮助人们克服和战胜一切的困难和挑战。我们每个人都要主动修炼积极心态。成就你的十大积极心态是：

① 执着：对个人、企业和团队目标、价值观坚定不移的信念。

② 挑战：勇敢地挺身而出，积极地迎接变化和新的任务。

③ 热情：对自己的工作及公司的产品、服务、品牌和形象具有强烈的感情和浓厚的兴趣。

④ 奉献：全心全意完成工作或处理事务。

⑤ 激情：始终对未来充满憧憬和希望，全力以赴地投入。

⑥ 愉快：乐于接受微笑、乐趣，并分享成功。

⑦ 爱心：助人为乐，感恩心态。

⑧ 自豪：因为自身价值或团队成绩而深感荣耀。

⑨ 渴望：强烈的成功欲望。

⑩ 信赖：相信他人和集体的素质、价值和可靠性。

心理素质是指个体在成长与发展过程中形成的比较稳定的心理机能，是心理品质和心理能力的统一体，它包括人的所有的心理活动过程和心理活动结果。或者说，心理素质是以先天的禀赋为基础，在环境的教育、影响下形成并发展起来的稳定的心理品质。

心理素质水平的高低应该从以下方面进行衡量：性格品质的优劣、认知潜能的大小、心理适应能力的强弱、内在动力的大小及指向。对内体现为心理健康状况的好坏，对外影响行为表现的优劣。马斯洛认为良好的心理素质表现在以下几个方面：具有充分的适应力；能充分地了解自己，并对自己的能力作出适度的评价；生活的目标切合实际；不脱离现实环境；能保持人格的完整与和谐；善于从经验中学习；能保持良好的人际关系；能适度地发泄情绪和控制情绪；在不违背集体利益的前提下，能有限度地发挥个性；在不违背社会规范的前提下，能恰当地满足个人的基本需求。

提高心理素质是需要有意志力的，它需要一个过程，也需要不断的努力与锻炼。

1. 自我认识——了解自己的心

自己的心理素质究竟如何？我想这是一个想要提高心理素质的人首先要问自己的问题。心理素质体现的方面不一定一样，有些方面是强项，而有些方面可能是弱项。例如有的学生一到考试就焦虑，看到题目就忘答案，越做越紧张。而他在人际交往上却轻松自如，即便遇到十分棘手的人际问题，他也能不急不躁、游刃有余地化解开来。因此，首先要先看清楚，哪些是自己心理把握能力的弱项，哪些是强项。中国有句俗话，叫"知己知彼方能百战不殆"。所以，看清自己的弱项和强项是第一步，只有看清楚了缺点才有改正它的目标和动力。

2. 把握自己的情绪

情绪是一个人心理活动的最直接也是最真实的外在反映。认知心理学家认为，思维决定情绪，也就是对人、对事件、对环境进行的解释。内心有什么样的想法，就会有什么样的情绪体验和情绪表现。一个正常的人，在他遭受屈辱、义愤填膺的时候绝对不会开怀大笑。那么一个人在面对困境、面对挫折的时候，他会表现出怎样的情绪来呢？其实通常情况下最常见的无非就是：紧张、焦虑、烦躁、失落和抑郁等消极情绪体验，试想在这样的情绪体验下，能做好什么样的事情呢？再有能力的人又能发挥出多高的水平来呢？因此，把握自己的情绪是有效克服和提高心理素质的关键。

3. 提高受挫力

挫折教育作为新的教育理念，已经越来越受到关注。适当的挫折不但有助于更好地认识自我，也能很好地培养心理素质。在心理学上有一个"延迟满足"的试验发现，能延迟满足自己愿望的人，未来会有更大的成就。人需要忍耐一些暂时的痛苦，才可以获得长远的利益。现代人因为生活环境优越和父母的过度保护，性格中越来越缺少定力和忍耐力，所以一遇到压力就承受不了，表现出情绪或行为的过激反应。

心理素质的提高首先要从提高受挫力和情绪管理能力做起。古人说："居有常，业无变"。第一，我们要锻炼自己，即使受到委屈、感到痛苦，也要尽量坚持，不要轻易地放弃，不能面对挫折时就去逃避。同时要学会管理自己的不良情绪，学会控制自己的情绪，调整自己的情绪。第二，就是思维的调整。认知心理学认为，不是刺激影响了我们的行为与心理，而是我们对刺激的看法影响了我们的行为与心理，多站在不同的角度去思考问题，这样可以让我们更客观全面地看问题，也可以让我们更加地成熟，增强我们的心理素质。

（三）履行职业责任

职业责任是指人们在一定职业活动中所承担的特定的职责。它包括人们应该做的工作和应该承担的义务。责任，是工作出色的前提，是职业素质的核心。一个缺乏责任的民族是没有前途的民族，一个缺乏责任的人是不可靠的人！一个缺乏责任的组织是注定失败的组织，不管这个组织看起来是多么的强大与可怕！著名管理大师德鲁克说："责任保证绩效。"一个高效率的团队必然是由一群充满责任感的成员所组成的。对于员工来说，要提升工作的业绩，必须提高自身的责任感；对于企业来说，提高团队绩效的好方法就是提升员工的责任感。

担负起责任包含两层含义：一是如果有事情必须要做，便全身心地投入，不论你身边有何工作，都要全心全意；二是在现有的环境与可能性的条件下，突破一切框框与艰险，把每一件细微的事情做到极致，既重视过程又重视结果。在企业中，责任心是一个优秀员工最不能缺少的东西，忠于职守、尽职尽责永远是一个员工责任感和人生价值的最佳体现。一个有责任心的人，不管做什么事情，都会认真负责，做到最好。一旦出了问题，总是会主动承担责任，在责任面前没有借口。面对令人头痛的错误，负责任的员工从不会说："那事不归我管，出了错自然与我无关。"正确的做法是：承认它们，分析它们，并积极寻求补救办法将损失降到最低点。团队中一人工作不负责任，他影响的不仅仅是个人，更多的是影响到团队的荣誉、公司的声誉，每一个人都是团队的形象代言人、公司的窗口，我们要努力成为一名负责任的员工，为团队争得荣誉、为公司争光。

作为一名职业院校的学生，在校期间就应当培养自己敢于负责、勇于担当的精神。首先，要明确自己身上所承担的责任和义务，对自己、对家庭、对班级、对学校、对社会、对国家负责，积极践行社会主义核心价值观，做到爱国、敬业、诚信、友善。其次，要积极投身到学习、生活和活动中，在学习中增长知识、提升综合职业能力，在生活中磨炼意志品质、养成良好的行为习惯、提高自我管理能力，在活动中提高自己的审美情趣、培育集体荣誉感、熔炼团队精神。最后，要善于自我反省，做到一日三省吾身，有助于认清自己、提高认识、厘清责任、自我改造、自我完善。

（四）提高职业技能

职业技能是指人在职业活动范围内需要掌握的技能。人的技能存在于人的身心系统中，在运用时就表现出来。人的技能结构层次上最外端的表现形式是动作能力。按动作划分，人的技能基本上划为两大类，即言语技能和肢体技能。实际上，两类技能对所有的职业活动都是不可或缺的。随着科技进步和经济结构的不断调整，人的劳动就业方式发生了很大的变化，一些新兴职业对人的技能要求更多的是靠知识的运用、信息的掌握和人际关系的协调，这种形式的技能被称之为心智技能。

一个人的职业技能一定要在具体工作实践中或模拟条件下的实际操作中进行训练和培养。职业院校的学生通过系统的专业知识学习和技能训练，毕业时通过职业技能鉴定考试可以获得相应工种的中级工（高级工、技师）职业资格证书。一个人取得了相应的职业资格证书并不代表一定就能胜任对应的岗位工作，仅仅是取得了胜任该岗位的任职资格。这是因为，要想胜任岗位需要，仅靠职业技能是不够的。一个企业考察员工是否胜任岗位需要，是从三个维度进行测量：知识、能力和品格。知识包括行业知识、专业知识。能力有基础能力和专业能力。品格包括工作态度、职业道德、个人品德等。不同的岗位对这三个维度的能力素质要求各不相同。如一个仓库保管员，往往对品格的要求要高于普通的操作工。营销人员对能力的要求要高于其他职能部门的员工。同样，不同级别的员工的能力素质要求依然不一样。级别越高，三个维度的要求点也就越高。如普通的销售人员在能力要求上就低于销售经理。

职业能力是人们从事某种职业的多种能力的综合。主要包含三方面的基本要素：一是为了胜任一种具体职业而必须要具备的能力，表现为任职资格；二是指在步入职场之后表现的职业素质；三是开始职业生涯之后具备的职业生涯管理能力。

现代的职业教育既要培养就业者岗位的胜任能力，也要培养就业者的职业适应能力；既要培养就业者上岗的基本专业技能，也要培养就业者具备适应科技迅速进步、适应经济快速发展、适应社会不断变化的核心能力和基本的精神力量。在职业人才的培养和人力资源开发中，仅仅培养掌握单一的专业技能已经远远不能适应社会的发展，培养就业者具有"与人合作"、"与人交流"、"信息处理"、"数字应用"、"解决问题"、"自我提高"、"创新"和"外语应用"等职业的核心能力，已成为德、英、美、澳、新、港等世界发达国家和地区职业教育、就业培训的热点，成为世界职业教育、人力资源开发的发展趋势。

职业院校的学生在校期间不仅要学习专业知识和技能，还要注重自身职业核心能力训练和提高，更要注重工作态度、职业道德、个人品德修炼。

（五）培育职业良心

马克思主义伦理学认为，良心就是人们在履行对他人和社会的义务过程中所形成的道德责任感和自我评价能力，是一定的道德观念、道德情感、道德意志和道德信念在个人意识中的统一。职业良心是指从业人员在履行职业义务的过程中所形成的职业责任感以及对自己职业行为的稳定的自我评价与自我调节的能力。职业良心有个体表现与群体表现两种形式。个体表现是指从业人员在职业活动中对工作的负责精神、对他人的同情感、对社会的责任感、对自己职业行为的是非感、对错误行为的羞耻感；职业良心的群体表现是指职业良心在某单位、某行业的整体表现。职业良心对从业人员的职业活动有着重大的影响，往往左右着从业人员职业道德生活的各个方面，贯穿于职业活动的全过程，成为从业人员的重要精神支柱。因此，必须重视培养从业人员的职业良心。

职业良心的修炼非一日之功，需要向道德模范学习，加强道德修养，提高道德素质，培育职业精神、强化职业信念，积善行德，日积月累，内化于心，外化于行。

（六）遵守职业纪律

职业纪律是在特定的职业活动范围内从事某种职业的人们必须共同遵守的行为准则。它包括劳动纪律、组织纪律、财经纪律、群众纪律、保密纪律、宣传纪律、外事纪律等基本纪律要求以及各行各业的特殊纪律要求。职业纪律的特点是具有明确的规定性和一定的强制性。

执行职业纪律可以维护正常的安全生产和工作程序，保证社会主义劳动生产顺利有序的进行，促进经济发展；促使劳动者安全规范地行使自己的劳动权利，提高劳动效率，进而提高单位的工作绩效；提升单位科学管理水平，促进企业内部管理的制度化；有利于企业文化的形成，提高其精神文明建设水平。

职业纪律的调整范围是整个劳动过程以及与劳动过程有关的一切方面，包括工作时间、劳动态度，执行生产、安全、技术、卫生等规程的要求以及服从管理、考勤等方面的全部内容。

职业纪律与职业道德相互联系又有所区别，两者相辅相成。《劳动法》第三条规定："劳动者应当遵守劳动纪律和职业道德。"职业纪律属于法律关系的范畴，职业道德属于思想意识范畴；职业纪律的直接目的是保证劳动者完成劳动义务，职业道德的直接目的是实现企业的最佳经济效益；职业纪律以惩罚和激励相结合为实现手段，职业道德的实现主要依靠社会舆论，凭借人们的内疚和反省。职业纪律与职业道德共同寓于同一主体——劳动者，调整的对象均为"劳动行为"，终极目标都是为了保证社会主义生产劳动的正常进行，促进精神文明的建设。

职业纪律影响到企业的形象，关系到企业的成败。遵守职业纪律是企业选择员工的重要标准，关系到员工个人事业的成功与发展。作为一名职业院校学生，在校期间就要明确纪律的重要性，做到：熟知职业纪律，避免无知违纪；严守职业纪律，不能明知故犯；自觉遵守职业纪律，养成严于律己的习惯。

学习自测

一、判断题

1. 职业道德是人们在社会生活中应遵守的道德原则和规范的总和。（ ）
2. "我为人人，人人为我"体现了集体主义原则。（ ）
3. 人道主义原则要求我们正确认识和处理国家、集体、个人的利益关系。（ ）
4. 职业理想等于理想职业。（ ）
5. 职业纪律与职业道德相互联系，又有所区别，两者相辅相成。（ ）

二、思考题

职业道德建设要求我们在学生时代就要树立远大的（   ），端正（   ），履行（   ），在学习、生活中，提高（   ），培育（   ），遵守（   ），使自己的职业道德修养不断提高。请借助网络工具搜一搜、看一看、想一想、写一写：

1. 我的职业理想是：

2. 我对职业的态度是：

3. 我最喜欢的职业信条是：

名人名言

竭尽全力做好每一件事，尊重所有的人，穿着整洁，诚实率直，坦诚公正，永远保持乐观向上的积极态度。此外，最为重要的是忠心耿耿。

——托马斯·约翰·沃森（Thomas J. Watson）

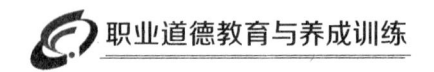

第二章　社会主义职业道德基本规范

学习目标

1. 牢记社会主义职业道德基本规范。
2. 学习榜样人物的优秀品质。
3. 明辨是非，积极践行社会主义道德基本规范。

智慧分享

有位外科护士首次参与外科手术，在这次腹部手术中负责清点所用的医疗器具和材料。在手术就要结束时，这位护士对医生说："你只取出了十一个棉球，而刚才我们用了十二个，我们得找出余下的那一个。"医生却说："我已经把棉球全部取出来了，现在，我们来把切口缝好。"那位新护士坚决反对："医生，你不能这样做，请为病人着想。"医生眼里顿时闪出钦佩的光彩："你是一个合格的护士，你通过了这次特别的考试。"原来，精明的医生把第十二个棉球踩在了自己的脚下，当他看到新来的护士如此认真时，他高兴地抬起了脚，露出了那第十二个棉球。

思考

1. 你怎样理解"责任"二字？

2. 在校期间怎样培养自己的责任意识？

社会主义职业道德基本规范是在职业道德核心和基本原则的指导下形成的，是要求从业者在职业活动中必须遵守的职业行为准则。它既能调节职业活动中人们的各种关系，又能解决各种矛盾，还可以评价职业活动和职业行为的善恶。在它的指引下，我们知道自己应该做什么，不应该做什么，应该怎么做，不应该怎么做。从业者只有明确并掌握职业道德的基本规范，才能在职业活动中自觉地把职业道德的要求变成个人的行为，才能有效地协调各种关系，解决好各种矛盾，最终出色地完成各项任务，实现个人的社会价值。

规范一 爱岗敬业

一、认知爱岗敬业

爱岗敬业是社会主义职业道德的基本要求，是检验从业者是否具有职业道德的首要标志。爱岗就是热爱自己的工作岗位，热爱本职工作，恪尽职守地做好本职工作。敬业就是以一种恭敬严肃的态度对待自己的工作，充分认识本职工作在社会经济活动中的地位和作用，认识本职工作的社会意义和道德价值，具有职业荣誉感和自豪感，在职业活动中具有高度的劳动热情和创造性，以强烈的事业心、责任感从事工作。

爱岗与敬业是紧密联系在一起的。爱岗是敬业的前提，敬业是爱岗情感的进一步升华，是对职业责任、职业荣誉的深刻认识。不爱岗的人，很难做到敬业；不敬业的人，很难说是真正的爱岗。所以，不论做任何工作或劳动，只要认真负责、精益求精、不辞辛苦，就可以说是爱岗敬业。一般说来，工作条件好、工作轻松、收入高的职业，做到爱岗敬业是比较容易的。相反，环境不好、工作艰苦、收入不高又远离城市，要做到爱岗敬业就不那么容易。那些在环境艰苦、工作繁重、收入不高岗位上认真工作劳动的人，就会受到人们的尊敬。在社会主义社会，任何职业都是社会生活所离不开的，所以总是要有人去干。如果没有亿万农民辛勤种田，没有千百万工人在茫茫沙漠或高山峻岭上采油、采矿、修筑铁路，没有广大人民解放军在天涯海角守卫祖国的边疆大门，没有千万清洁工人清除城市垃圾，没有几千万人民教师、科研人员埋头教学和科研，社会主义建设事业能取得如此伟大的成就吗？我们每个人和家庭能享受到今天这样幸福的生活吗？人总是要有点精神的。一个人的价值大小就在于他在平凡的工作岗位上爱岗敬业，为社会、为祖国做贡献。另外，改革开放以来，择业机会的增加和选择方式的多元化为人们选择自己喜爱的职业提供了很好的机会，也为人们爱岗提供了坚实的社会基础。同时，要看到，爱岗敬业是市场经济发展的必然要求。市场经济是一种自由竞争的经济，一个从业人员要想在激烈竞争中获得生存和发展的有利地位，实现自己的职业利益，就必须爱岗敬业，努力工作，提高劳动生产率和服务质量。否则，一个不履行职业责任的人，就将被职业组织所淘汰。

思考

用"干活吃饭，挣钱养家"的态度对待工作是否正确？为什么？

二、修炼爱岗敬业的具体要求

要达到爱岗敬业的职业道德要求，就要有献身事业的思想意识。人是为生活而工作的，也是为工作而生活的，应当把自己的职业当成一种事业来看待。献身于事业就是要把自己的才华、能力甚至于生命都投入到事业当中去，认认真真、毫不马虎。只有具备这样的思想意识，才能以从事本职工作为快乐。

1. 培养自己职业化的工作态度

北京劳模李素丽说过："认真做事只能把事情做对，用心做事才能把事情做好。"客户没有批评，只能说是把事情做完了，表现在预期之外，客户才会惊喜、才会难忘。例如：在学校生活中，有的同学只满足于完成老师当天安排的值日。但是，不会主动思考今天的值日是否在规定的时间内完成？是否达到了老师的要求？是否配合其他同学一起完成？有没有让老师感到惊喜，超出了老师的预期？

由此可见，培养职业化的工作态度非常重要。当我们接受一项工作任务时，无论大小都要认真对待，三思而后行，按照PDCA循环完成工作任务，即：接受任务、制定计划（PLAN）；制定措施、执行计划（DO）；执行过程中检查自己的行为有没有偏离目标（CHECK）；对检查的结果进行处理（ACTION），对成功的经验加以肯定，并予以标准化；对于失败的教训也要总结，以免重现。以上四个过程不是运行一次就结束，而是周而复始地进行，一个循环完了，解决一些问题，未解决的问题进入下一个循环，呈阶梯式上升的。PDCA循环实际上是有效进行任何一项工作的合乎逻辑的工作程序。当你在做事的时候按照此循环进行思考并付诸行动，你的职业化工作态度就养成了。

2. 干一行、爱一行、钻一行

要培养干一行、爱一行的精神。只有干一行、爱一行，才能认认真真"钻一行"，才能专心致志搞好工作，出成绩、出效益。我们要向雷锋同志学习，雷锋是一个实干家，是一个勇于探索的创造者，他总是把实现崇高的理想落实到本职岗位上，说到做到，表里如一。他坚持理想与现实相一致，决心为共产主义奋斗终生，甘做一颗永不生锈的"螺丝钉"，干一行、爱一行、钻一行；他注意理论联系实际，对自己政治上要求严格，自觉经受思想锻炼，逐步成长为一名具有高度共产主义觉悟和道德修养的战士。

3. 爱岗敬业、忠于职守贯穿工作的每一天

提倡爱岗敬业，并非说一个人一辈子只能待在某一个岗位上。然而无论在什么岗位，只要在岗一天，就应当认真负责地工作一天。岗位、职业可能有多次变动，但对其工作的态度始终都应当是勤勤恳恳、尽职尽责，将自己的工作当成信仰，将每一次任务当成使命，做一名忠诚的员工，信任企业，对企业负责，与企业共命运。忠诚的可贵就在于坚持住你所珍惜的东西。忠诚负责的员工是企业的核心竞争力。责任和忠诚，对于个人来讲任何时候都不能丢掉。当我们争论一个问题时，忠诚意味着你把自己的真实想法告诉我，不管你认为我是否喜欢它。但是一旦作出了决定，争论终止，从那一刻起，忠诚意味着必须按照决定去执行，就像执行你自己作出的决定一样。"我有责任和忠诚，所以我要为我的企业或者是团队努力工作。"

学习自测

一、下列做事不用心的现象，你有吗？有几个？请注意纠正。

1. 同样一个错误重复三次以上，既不自觉，也无心改正，态度不端正，缺乏毅力。
2. 凡事都是别人找你沟通，自己不会主动联系，主动关心，缺乏自我管理意识。
3. 做事情总是留下一些尾巴，等别人提醒，等别人收拾，不讲究细节，缺乏条理性。
4. 永远想不出更好的方法、更快的方法、更妥当的方法，缺乏创新。
5. 对可能发生的意外、困难或危机，事前没有任何准备，缺少危机感。
6. 从来不承认错误，既不反省也不道歉，永远有借口或理由。
7. 不忙的时候，不会思考自己的工作，也不会帮忙别人的工作，经常抱怨，不会换位思考。
8. "询问"来临时，不知道自己就是窗口，事不关己，高高挂起。

二、忠诚检测：如果你能做到以下方面，忠诚应该就是你自己的了。

1. 遇到利益争端，很多人想往自己身上拿，你就来个逆向思维，坚持个正理，说出该给谁和给他的道理！
2. 遇到伤害集体的做法，你就来个坚决斗争！
3. 遇到给你个人的一点好处，你就勇敢地让给别人！
4. 遇到有人诋毁先进，你就理直气壮地顶他个气短！
5. 遇到该自己做的事时，你就废寝忘食，老板满意了，你还要精益求精！
6. 遇到外人诋毁集体，你就毅然捍卫！
7. 遇到困难或者别人认为会吃亏的事，你就抢过来做，让别人目瞪口呆！
8. 遇到有人贿赂你，要你伤害集体，你就来个将计就计！
9. 遇到别人不理解，你依然故我，根本不把别人的白眼放在眼里！
10. 遇到有人遇到灾难，你就悄悄地帮助，让大家猜半天，就是找不到你！

三、向榜样学习，修身立德

在我们的身边从不缺乏爱岗敬业的典范，他们在不同的工作岗位，虽然平凡，却拥有一样的态度，他们失去了很多，同时也获得了很多。

典型1：郭俊杰先后在陕西恒兴果汁饮料有限公司各分公司工艺岗位工作十年，每到一个工厂，由于工作业绩突出，都被评选为优秀班组长。有一次，郭俊杰正在清洗小超滤设备，同事告诉他：妻子出车祸了，车已备好，让他赶快去医院。当时他心里很急，准备马上走，但是想到清洗液正在超滤膜中循环清洗，按设备清洗质量要求，最佳清洗时间为30分钟。他担心自己走之后，设备势必要停下来，清洗液就停留在膜管中处于浸泡状态，时间一长对设备膜损害较大，甚至会影响设备使用寿命。最终，他在焦急中坚持将设备清洗结束后才急忙赶往医院，好在经医院抢救，妻子无大碍。医生建议住院治疗，郭俊杰考虑孩子放在家里无人照看，生产岗位又无人顶替操作，和妻子商量后，决定回家挂针吃药。他带着挂着吊瓶的妻子回到厂，托人安顿好妻子，自己又直接进了车间。

郭俊杰在合阳厂超滤循环罐排污时，因异物堵住罐底排污口，污水无法排出，严重影响生产，郭俊杰见状便卷起裤腿爬进55℃的循环罐内清理异物，在里面呼吸困难、衣衫湿透的情况下，他几次都要支撑不住。5分钟后，生产恢复正常。甚至在其父亲病危时，考虑到生产任务紧、人员缺，郭俊杰也没有请假，只是每天下班后打电话询问父亲的病情，直到父亲去世，噩耗传来，他才带着遗憾回家料理。

> **思考**
>
> 从郭俊杰身上你学到了什么？

典型2：王树利于1993年从东北师范大学毕业，他先做了一段时间的会计工作，2000年开始做专职导游。在当年导游资格考试中，他以流利、幽默、准确、风趣的讲解给评委们留下了深刻印象。从应聘到省华邦旅行社做导游的第一天起，王树利就把贴在办公室墙上的那句宣传口号"以本事做事，以人品做人"当成自己的座右铭。他的勤奋好学在圈里是出了名的。有一次，他为了弄清长白山西坡到底有多少级台阶而查遍了互联网和图书馆，由于没有找到准确答案，他主动申请带团又爬了一次长白山，和游客一起数台阶。后来，这件事成为导游培训课中的一个范例。

业务上精益求精，为人处事更是满腔热忱，让游客满意是他的服务宗旨。省华邦旅行社总经理崔永刚说："王树利与别人不同的地方在于他对待每一名游客都像对待自己的家人一样，非常难能可贵。"

王树利曾经接待过一个来自香港的团队，在接待过程中，他发现有一位老人情绪非常低落，后来在聊天时得知，老人的两个儿子都不孝顺，令她很伤心。了解情况后，王树利主动与老人沟通、劝导她，老人的脸上慢慢有了笑容。离开长春前，老人提出一定要认他做义子，考虑到老人的情绪，王树利答应了。老人回到香港后，王树利与老人经常通信、打电话，真正成为了老人远隔千里的好儿子。

作为一名优秀导游，王树利善于从小事做起，实行"面对面交流，心贴心服务"。如何让冬季到长春旅游的客人不冻伤、不摔伤，王树利通过讲故事的办法把北方御寒知识介绍给游客，这种寓教于乐的讲解方式让游客很容易就记住了，从而避免了一些意外事故的出现，同时也让游客感受到亲人般的温暖。

在六年的导游生涯中，王树利每年都要接待百余个团队，累计接待游客近两万人次。他始终勤勤恳恳、兢兢业业，让每一名游客都能高兴而来、满意而归。他能以多种不同形式来介绍吉林，包括吉林的自然风光、历史文化、风土人情等。一名游客在省华邦旅行社留言簿上写道："虽然在长春停留只有短短一天时间，但长春依然给我留下了美好回忆，这一切都得益于王树利这样一名优秀导游。"

凭着一颗对家乡的挚爱之心，凭着"再累也心甘"的坚强意志，王树利在导游天地中自由飞翔，越飞越高。2001年，他在吉林省第四届导游服务技能大赛中获得第二名；2002年，他荣获"吉林省最佳导游员"称号；2005年，他在长春市首届导游大赛中获得了"明星导游"的称号；2006年10月27日，在全国导游大会上，他又被评为全国优秀导游员，和来自全国各地的模范导游员及优秀导游员一起受到了吴仪副总理的亲切接见，成为长春市导游队伍中获此殊荣的第一人。

思考

从王树利身上你学到什么？

爱岗，是我们的职责；敬业，是我们的本分；青春，是我们的资本；奉献，是我们崇高的追求。

"如果你是一滴水，你是否滋润了一寸土地？如果你是一线阳光，你是否照亮了一分黑暗？如果你是一粒粮食，你是否哺育了有用的生命？如果你是最小的一颗螺丝钉，你是否永远坚守你生活的岗位？"这是雷锋日记中的一段话，它告诉我们无论在什么样的岗位，无论做着什么样的工作，都要发挥最大的能力，作出最大的贡献。今天，我们再重新体会这段话的含义，便发现它被赋予了更深刻的内涵，那就是爱岗敬业、无私奉献。

四、明辨是非，积极践行

某大公司准备以高薪雇佣一名小车司机，经过层层筛选和考试过后，只剩下三名技术最优良的竞争者。主考者问他们："悬崖边有块金子，你们开着车去拿，觉得能距离悬崖多近而又不至于掉落呢？"

"两公尺。"第一位说。

"半公尺。"第二位很有把握地说。

"我会尽量远离悬崖，愈远愈好。"第三位说。

结果这家公司录取了第三位。

思考

1. 为什么第三位司机被录取而前两位没被录取？

2. 你怎样理解"责任"二字？

3. 在校期间怎样培养自己的责任意识？

做一做

一、列出你认为在法律和道德范围内应该做的事情和不应该做的事情

应该做的事	不应该做的事

二、写出自己现在所扮演的五个主要角色应尽的责任和义务

角色	责任和义务
1.子女	例：孝敬父母
2.学生	例：勤奋学习
3.朋友	例：互相帮助
4.公民	例：关系国家大事
5.社会成员	例：保护环境

三、列出在校期间你每天必须做的事并写出做到什么程度及完成时限

必须做的事	做到什么程度及完成时限
1.	
2.	
3.	
4.	
5.	

规范二　诚实守信

诚实守信不仅是一个人为人处世的基本准则，也是社会道德和职业道德的基本规范之一。它是一个人能在社会生活中安身立命之本，是一个企业长足发展的根基，也是一个国家长治久安、立足世界的需要。

一、认知诚实守信

"诚实守信"是中华民族传统美德的一个最重要规范，"诚实守信"也是职业道德的一个重要内容。所谓"诚实"，就是说老实话、办老实事，不弄虚作假，不隐瞒欺骗，不自欺欺人，表里如一。所谓"守信"，就是要"讲信用"、"守诺言"，也就是要"言而有信"、"诚实不欺"等。随着时代的不断发展和变化，"诚实守信"也不断赋予体现时代精神的新内涵。

在先秦，所谓"诚"主要是指"诚实"、"真诚"和"忠诚"，指一个人心里想的和实际做的一致。这也就是古人所说的"诚于中、形于外"，就是要"勿自欺"、"勿欺人"。所谓"信"主要是"真实"、"诚实"和"信守诺言"，强调一个人要"言必信"，要"言而有信"等。后来思想家们往往把"诚"和"信"相互通用。东汉的许慎在他所著的《说文解字》中说"诚信也"（又说"信诚也"）。由此可见，"诚"和"信"不论是单独使用或相连使用，在古代表示的大体是同一个意思。

孔子认为在社会生活中"信"是一个人立身之本，如果没有诚信也就失去了做人的基本条件。他把"信"列为对学生进行教育的"四大科目"（言、行、忠、信）和"五大规范"（恭、宽、信、敏、惠）之一，强调要"言而有信"，认为只有"信"才能得到他人"信任"（"信则人任焉"）。孔子说："人而无信，不知其可也。大车无輗，小车无軏，其何以行之哉？"这就是说一个人如果失去"信"就像车子没有轮中的关键一样，是一步也不能行走的。孔子在谈到统治者怎样才能得到老百姓信任时说"民无信不立"，如果一个国家对老百姓不讲诚信就必然得不到老百姓的支持，只有对老百姓讲诚信才能够树立起自己的"威信"。

古人认为在为人处事中"谨而信"（谨慎和诚信）、"敬事而信"是最基本的。《春秋谷梁传·僖公二十二年》中记载："人之所以为人者，言也，人而不能言，何以为人？言之所以为言者，信也。言而不信何以为言？"孟轲把社会中人和人之间的基本道德规范概括为五个原则，"信"就是其中之一。这就是他所说的"父子有亲、君臣有义、夫妇有别、长幼有序、朋友有信"。先秦以后的思想家们都把"诚"和

"信"作为立身处世的基本道德要求。宋明道学家们对"诚"赋予了更重要的地位。周敦颐把"诚"提到"五常之本,百行之源"的高度。朱熹说:"诚者至实而无妄之谓"。陆象山则强调"忠信",认为"忠者何?不欺之谓也;信者何?不妄之谓也""人而不忠信,何以异于禽兽者乎?"从上述这些思想家的言论可以看到在中国古代传统道德中"诚信"占有很重要的地位。

在中国共产党成立后,在民主革命与社会主义革命和建设中,进一步加深和丰富了对"诚信"的认识,把"诚信"提高到党的建设的高度。毛泽东同志提出"实事求是"之后,在《为建设一个伟大的社会主义国家而奋斗》一文中还提出,我国人民要努力工作,要"老老实实,勤勤恳恳,互勉互励,力戒任何的虚夸和骄傲"。周恩来同志强调要"老老实实,实事求是,脚踏实地,稳步而又勇敢地前进"。刘少奇同志多次强调"大力提倡说老实话,办老实事,当老实人,坚决反对弄虚作假"。邓小平同志也着重指出要"实事求是"、"老老实实",反对"说空话、说假话、说大话",要求必须杜绝这种"恶习"。胡锦涛总书记讲的"八荣八耻"中就说到"以诚实守信为荣,以见利忘义为耻。"这一切都充分说明,"诚实守信"、"老老实实"、"说老实话"、"办老实事"、"做老实人",不但是传统美德的要求,也是革命传统的重要要求。在革命和建设时期,"诚实守信"具有体现时代精神的新内容,其现实意义更加重要。

党的十六大在阐述加强思想道德建设时提出,要"弘扬爱国主义精神,以为人民服务为核心,以集体主义为原则,以诚实守信为重点,加强社会公德、职业道德和家庭美德教育。"党的十六届三中全会通过的《中共中央关于完善社会主义市场经济体制若干问题的决定》中也指出:"增强全社会的信用意识,政府、企事业单位和个人都要把诚实守信作为基本行为准则。"明确提出在道德建设中要以"诚实守信为重点"的指导思想,这是对我国当前精神文明建设和思想道德建设的一个重要论断,是针对公民道德建设的实际情况和问题而得出的一个有针对性的结论。

二、修炼诚实守信的具体要求

诚实守信是职业道德的根本,要求每一位从业者在从事职业活动过程中要真实不欺,表里如一,信守承诺。具体要求如下:

1. 保质保量地为客户提供产品和劳务

诚实守信四个字,说起来容易,做起来不易。在经营活动中仍存在大量"不诚不信"的现象,如:一些人在私利的驱动下,缺斤少两、坑蒙拐骗、偷工减料、假冒伪劣、不讲信誉、不履行合同,坑害消费者、信用卡恶意透支等。之所以有以上现象的存在,是因为参与其中的经营者忽视了诚实守信职业道德修炼,以追求利润最大化为目的,丧失了职业良心,这些人的行为必将受到社会舆论的谴责,严重的会受到国家法律的制裁。

目前我们国家正在建设和完善社会信用体系，发展信用经济，每一个人都要顺应时代发展的要求，做一名诚实守信的人，保质保量地为客户提供产品和劳务，建立自己的信用档案，诚信立人、诚信立行。

2. 按时为客户提交产品和劳务，按时交付所欠款项

守时就是遵守承诺，按时到达要去的地方，按时为客户提交产品和劳务，按时交付所欠款项。没有例外，没有借口，任何时候都做到。

不要以为遵守时间是小事，也许你眼中的"小事"能够影响你的命运。连遵守约定时间的承诺都经常做不到的人更没有能力做出更大承诺。如果连守时也做不到，上司是不会放心把重要的工作交给这样的人去做的。不守时带来的后果可能是你无法预计的：如果你在约见客户时迟到，轻则会给客户留下不好的印象，从而影响到你在客户眼中的形象，重则可能丢失一个客户。一桩本来有望成交的大买卖就会告吹，你的辛苦奔忙可能就因为不守时而付之东流，而且可能会给公司带来巨大的损失，你也可能由于这点"小事"而丢掉一份工作。如果你上班迟到，可能会被扣工资，更重要的是你会给上司或老板留下对工作不重视的印象，从而影响到你大好的职业前程和一帆风顺的职业生涯；而且你迟到耽误的不只是自己的时间，也浪费了别人的时间，如果一个会议你迟到了5分钟，那么其他所有等待你的人也都浪费了5分钟，所有人被你浪费的时间加起来会是很长的一段，在这段时间大家可以去做很多工作。在讲求效率和速度的今天，无缘无故的迟到无疑会受到所有人的深恶痛绝。

所以，遵守时间不仅仅是对自己的一种约束，也是对他人的一种尊重。经常迟到甚至干脆毁约，是对对方的轻视，这样做最终还是让自己被轻视。不遵守时间的人经常表现为：没有自制能力，凡事放纵自己，严以律人、宽以待己，对事业、对工作没有责任心，遇事先考虑自己，什么事都无所谓，待人处世不讲信誉等。以上这些表现都是在告诉对方你是个不讲信用的人。你没有自制能力，你是一个不值得对方重视和信任的人。商业行为讲究的是"信誉"二字，没有人会愿意与缺乏信用的人有工作和业务上的往来。而那些遵守时间的人有很强的自律意识和责任意识，他们诚信、严谨、懂得尊重别人，这是一种修养、一种礼貌、一种信誉，也能因此赢得别人的信任。

遵守时间是纪律中最原始的一种，是信用的礼节，也是一名优秀员工必备的职业操守。作为一名员工，我们要做到：无论上班、开会还是赴约，都必须准时到达，若能提前几分钟到更好，可以做一些准备工作，为一会儿的会议或者洽谈打好基础；参加招待会、宴会等活动，也不要太晚到达，一些正式、隆重的大型聚会更是千万不能迟到。如果你对于别人的时间不表示尊重，你别指望别人会尊重你的时间。如

果你对自己的时间不尊重，你就没有影响力，没有道德的力量。

3. 严格遵守诺言，严格履行合同

"一诺千金"的故事在我国流传至今。秦朝末年，楚地有一个叫季布的人，性情耿直，为人侠义好助。只要是他答应过的事情，无论有多大困难，都设法办到，受到大家的赞扬。

楚汉相争时，季布是项羽的部下，曾几次献策，使刘邦的军队吃了败仗，刘邦当了皇帝后，想起这事就气恨不已，下令通缉季布。这时敬慕季布的人都在暗中帮助他。不久，季布经过化装后到山东一家姓朱的人家当佣工。朱家明知他是季布，仍收留了他。后来，朱家又到洛阳去找刘邦的老朋友汝阴侯夏侯婴说情。刘邦在夏侯婴的劝说下撤消了对季布的通缉令，还封季布做了郎中，不久又改作河东太守。季布有一个同乡人叫曹邱生，专爱结交有权势的官员，借以炫耀和抬高自己，季布一向看不起他。听说季布又做了大官，他就马上去见季布。季布听说曹邱生要来，就虎着脸，准备发落几句话，让他下不了台。谁知曹邱生一进厅堂，不管季布的脸色多么阴沉、话语多么难听，立即对着季布又是打躬又是作揖，要与季布拉家常叙旧，并吹捧说："我听到楚地到处流传着'得黄金千两，不如得季布一诺'这样的话，您怎么能有这样好的名声传扬在梁、楚两地的呢？我们既是同乡，我又到处宣扬你的好名声，你为什么不愿见到我呢？"季布听了曹邱生的这番话，心里顿时高兴起来，留下他住几个月，作为贵客招待。临走，还送给他一笔厚礼。曹邱生确实也照自己说过的那样去做，每到一地，就宣扬季布如何礼贤下士、如何仗义疏财。这样，季布的名声越来越大。后人便用"一诺千金"来形容一个人很讲信用，说话算数。

严格遵守承诺、严格履行合同是个人职场成功、企业长足发展的法宝。一个人在和他人交往的过程中，应该做到"言而有信"，说到一定要做到。如果做不到，不要轻易许下诺言，否则会失信于人。当然，在现实生活中，有的时候为了照顾别人的感受而说了"善意的谎言"是无可厚非的，如：面对身患重病的病人，医生称没太大问题。但是，如果恶意说谎就是不诚信了。

4. 不欺诈蒙骗客户

春秋时期，齐侯派遣连称、管至父两个人戍守边关葵丘，他们虽不想去，但又不能不去，就问齐侯："何时能回来？"齐侯当时正在吃瓜，随口说："明年瓜熟时候吧！"瓜一年一熟，也就是一年后可以回来。

一年之后，齐侯却忘了约定，连称、管至父只好派人送回一车瓜，并问："瓜已成熟，您是否该派人接替我们了？"齐侯对送瓜的人说："回不回来由我说了算，怎么可以自己要求，想要回来，再等一次瓜熟吧！"

连称、管至父听后非常气愤，结下心结，后来就参加叛乱，带兵回来，把齐侯杀了！

后人就用"瓜代有期"比喻做人做事一定要讲诚信，否则会自讨苦吃。一个企业要得到长足发展也必须要讲诚信，不欺诈蒙骗客户，往往有的时候，企业员工在经营过程中为了既得利益，完全不考虑企业的形象和声誉，虽然一时得利，但事实证明，欺诈蒙骗客户的人或企业最终会自食恶果，受到应有的惩罚。

不诚信的危害不言而喻：对自己来说，可以损害个人的信誉，严重的可以导致失去人心，在社会上无立足之地。不诚信也会对他人和集体利益带来伤害，导致社会风气恶化，国家信誉降低。因此，我们在社会生活、职业生活、家庭生活中都应该讲诚信，可以说，个人无信不立，企业无信不旺，政府无信不威，国家无信不强。

三、向榜样学习，诚信立身、诚信立学、诚信立言、诚信立行

道德模范是社会主义核心价值观的人格化身，是民族精神的生动写照，也是引领主流价值的鲜明旗帜。向诚实守信道德模范学习，诚信立身，诚信立学，诚信立言，诚信立行。

典型1：刘洪安，男，河北省保定市"油条哥"餐饮管理有限公司经理。刘洪安从保定市财贸学校毕业后，毅然选择了自主创业之路。他在保定市高开区银杏路开了一间早点铺，使用一级大豆色拉油炸油条，坚持每天一换。因为坚守诚信，他的油条被消费者称为"良心油条"，他被许多人亲切地称为"诚信油条哥"。

2008年，由于长期租住在阴暗潮湿的宿舍里，刘洪安患上了强直性脊柱炎，每日遭受病痛的折磨，生活举步维艰。偏偏此时，他的母亲突发动脉瘤破裂，生命垂危，这一刻他真正体会到了生命的脆弱。2010年，病好些后，他和爱人开始经营早餐生意，卖油条和豆腐脑。刚开始炸油条的时候也重复用油，虽然知道隔夜重炸的油不好，但不知道危害到底有多大。后来，他通过媒体了解到，食用油反复加温会产生大量有害物质，会对人体造成很大危害。由于家人和自己得过重病，他深知生命健康的价值，从2010年初开始，他便使用一级大豆色拉油炸油条，而且坚持每天一换。刘洪安的早餐店"刘家豆腐脑"的招牌上，醒目地写着"己所不欲、勿施于人"、"安全用油、杜绝复炸"标语。同时，为向顾客证明自己是用新油，特意贴出鉴别复炸油的方法，并放了一把"验油勺"，供顾客随时检验。自此，刘洪安的"良心油条"生意门庭若市，在保定市引发了一股"做良心餐饮"的热潮。2012年5月11日，《保定晚报》刊登《学生自谋职业吆喝卖"良心油条"》消息，见报后更多市民前来排队购买良心油条。

"油条哥"的视频播放到网络后，引起了多家媒体关注。中央与河北近百家媒体先后进行了报道。刘洪安得到社会各界广泛关注和群众好评，引起了广大网民"热捧"，被网民亲切地称为"油条哥"。

2012年12月底，"油条哥"餐饮管理有限公司在保定正式成立。2013年3月28

日，"油条哥"的第一家分店"油条哥仁和店"正式开业，"油条哥"终于迈出了扩大"良心油条"经营规模的实质性一步。

刘洪安荣获全国先进个体工商户、河北省道德模范、2012年感动河北人物等荣誉称号，入选"中国好人榜"。

思 考

你从刘洪安身上学到了哪些优秀品质？

典型二：徐丽珍，女，福建省寿宁县凤阳乡基德村村民，2003年初中毕业后外出打工。2005年4月6日，在温州名欧咖啡店拾获一个装有总计超过1300万巨款的皮包，及时归还失主。2006年，被评为2005感动温州十大人物。现为寿宁县杨梅洲旅游管理处工作人员。

徐丽珍在浙江温州市大南门名欧咖啡店当服务员，2005年4月6日，下午四五点钟正是咖啡店里顾客最多的时候，一桌顾客刚刚离去，徐丽珍立即上前收拾桌台，突然发现桌旁的窗台上放着一个大皮包。"这显然是客人遗留的。"徐丽珍马上意识到。她提起那分量不轻的包追到店门口，没有看到那桌顾客的身影，于是按店里的规定把包交到办公室，由大堂经理负责登记。当大堂经理和其他工作人员一起打开皮包进行登记时，包里的东西把他们吓"坏"了——护照和身份证、120欧元现金、16.3万元的现汇现取汇票、十几个存折，其中一个存折的存款余额达1200万元……金额总计超过1300万元。

此时，徐丽珍已经回到大厅继续忙碌去了。"我真的没想到包里有那么多钱。"事后，徐丽珍说，"这是很平常的一件事。"在咖啡店工作三个多月以来，拾到小皮包、手机等立即上交，对她来说，早已不是第一次。

咖啡店一边报警，让警方帮助寻找失主，一边通过包内名片联系失主本人，最后终于将所有的财物"完璧归赵"。当经理想起要告知徐丽珍一声时，她已经和往常一样下班了。当晚闻讯而来的电视台记者也扑了个空。

第二天，失主法国法华工商联合会副会长王先生赶回咖啡店，一定要见见徐丽珍，并拿出1万元现金要酬谢她。徐丽珍婉言谢绝了："这是我应该做的。这钱我不能要。"那时，徐丽珍一个月的工资不过800多元，1万元相当于她一年的收入。

徐丽珍说，做事情必须靠自己踏踏实实去做，没有天上掉下馅饼的事情。之后发生的事情让她感到忐忑，她只是做了一件很平常的事情，社会却回报给她太多。很快，徐丽珍成了温州的新闻人物。许多市民打电话给她，甚至专程来到咖啡店，不为喝咖啡，就为来看看这个善良的福建姑娘。徐丽珍印象最深的一次是一个温州小女孩在父母及奶奶的陪伴下来到咖啡店，一定要和她合影。"你把这么多钱都还给了失主，真是好样的。"年轻的父母不停地夸赞徐丽珍。年迈的奶奶则对小女孩说："长大了也要像这个姐姐一样。"

2006年3月7日，在2005感动温州十大人物评选揭晓暨颁奖晚会上，仍在温州打工的徐丽珍一出场，观众席上就爆发出阵阵雷鸣般的掌声。评选活动组委会这样评价徐丽珍：巨款是一道考题，来自贫困农家的女儿交出了一份精彩的答案；一位新温州人，用一颗金子般的心，诠释着诚信的真谛；一个在她自己看来最平常不过的举动，见证了一个不染尘埃的灵魂。

如今，在当地党委、政府的关怀下，徐丽珍已被破格安排到寿宁县杨梅洲旅游管理处工作，并将成为寿宁旅游的"形象大使"。她还报名参加了旅游专业的中专课程学习，得以继续当年被迫中断的学业。

思 考

从徐丽珍身上你学到了哪些优秀品质？

四、明辨是非，积极践行

典型一：池莉是读者十分熟悉的小说家。作家出版社与她签约创作长篇小说《小姐，你早》，离交稿日期只差不到10天时，由于电脑突然出了故障，完成的10多万字文稿顷刻间化为乌有。她呆坐在电脑面前，脑子一片空白。怎么办？向出版社说明情况，争取延缓交稿时限？特殊情况嘛，料想编辑会理解，也能谅解。但池莉没有那样做。既然答应人家，怎好失信于人？失信无异失节，不能小看。于是，她把休息时间压缩到最大限度，宁可"蓬头垢面"、衣裙不整，也要昼夜不停地赶写书稿，硬是如期完成了。仅仅一周多时间，人瘦了一圈，两只敲击键盘的手几近麻木。

思 考

如果你在工作或生活中遇到和池莉类似的问题，你会怎么做？

典型二：沈阳市有一位女会计，大学学历，却下岗了。为了生存，她同一群下岗女职工搞起了编织，引起了外贸部门的重视，并为她们争取来了一份韩国订单——编织毛线帽。客户把价格压得很低，质量要求极为严格，时间也很紧。为了赢得信誉，进而获得更多更好的订单，她们还是答应下来。可是，当她们交第一批货时，客户又改变了图纸，从原材料到花色品种都要调整，交货时间却不能拖延一天。这简直是毁约，是刁难！可客户是"上帝"，上帝永远都是对的。——你们做不做？韩国女老板的眼神是挑衅的。她们狠狠心，豁出去了，签约！她们知道这个承诺的风险有多大，搞不好，人人都要倾家荡产！她们夜以继日、废寝忘食，工作几乎到了"疯狂"的程度，终于如期保质保量地完成了订单。苛刻的韩国女老板感动了，向下岗女工们鞠躬致敬。接着，一批又一批订单接踵而来，她们的编织队伍也一扩再扩，竟发展成浩浩荡荡的万人大军！上万名下岗女职工打开了新的就业之门，生活有了着落，或许，从创收的角度可以计算出它的经济价值，然而，一个庞大的弱势群体一夜之间改变了模样，重燃信心，重塑自我，其社会价值谁算得清呢？而这一切皆来自当初那背水一战的慨然一诺。

思 考

怎样才能做到重信用、守承诺？

做一做

列举自己存在的不诚信的事例，并制定整改措施和完成时限。

不诚信的事例	整改措施及完成时限
1.	
2.	
3.	
4.	
5.	

规范三　办事公道

办事公道是从业人员必须遵守的职业道德，其涵义是以国家法律、法规、各种纪律、规章以及公共道德准则为标准，秉公办事，公平、公正地处理问题。办事公道是企业能够正常运行的基本保证，是企业赢得市场、生存和发展的重要条件，是抵制行业不正之风的重要内容，是职业劳动者应具备的品质。

一、认知办事公道

办事公道就是指我们在办事情、处理问题时，要站在公正的立场上，对当事双方公平合理、不偏不倚，不论对谁都是按照一个标准办事。公道与公平、公正的含义大致相同，意指坚持原则，按照一定的社会标准实事求是地待人处事。例如：一个服务员接待顾客时不以貌取人，无论对于那些衣着华贵的大老板还是对那些衣着平平的普通人，对不同国籍、不同肤色、不同民族的宾客能一视同仁，同样热情服务，这就是办事公道。无论是对于那些一次购买上万元商品的大主顾，还是对于一次只买几元钱小商品的人，同样周到接待，这就是办事公道。

不同行业对从业人员进行办事公道评价的内容不同，例如：执法人员要秉公执法，不徇私情，坚持法律面前人人平等的原则，正确处理执法中的各种问题；裁判人员要在体育比赛和劳动竞赛的裁决中，提倡公平竞争，不偏袒，无私心，作出公平、公正的裁决；政府公务人员要在政府公务活动中对群众一视同仁，不论职位高低、关系亲疏，一律以同志态度热情服务，一律照章办事，不搞拉关系、走后门那一套；服务人员要在服务行业的工作中做到诚信无欺、买卖公平、称平尺足，不能以劣充优、以次充好。同时，对顾客一视同仁，不以貌取人，不以年龄取人。

二、修炼办事公道的具体要求

1. 坚持真理

要想做到办事公道，平时要有意识地培养自己热爱真理、追求人格正直的品格。坚持真理就是坚持实事求是的原则，就是办事情、处理问题合乎道义。

职业工作者要在任何情况下、任何环境中，在自己的职业实践中，都能把握住自己，坚持真理、秉公办事，在大是大非面前立场坚定，在政治风浪面前头脑清醒。积极改造世界观，在实践中不断坚定自己的信仰，锤炼自己的意志，确立高尚的人生追求和健康向上的生活情趣。要做到照章办事，按原则办事，做到行所当行、止所当止。面对有碍办事公道的行为要敢于说"不"。

2. 公私分明

公私分明原意是指要把社会整体利益、集体利益与个人私利明确区分开来，不以个人私利损害集体利益。在职业实践中讲公私分明是指不能凭借手中的职权谋取个人私利，损害集体利益和他人利益。要正确认识公与私的关系，增强整体意识，培养集体精神。要富有奉献精神，要从细微处严格要求自己，在劳动中满足和发展个人的需要。

3. 公平公正

公平公正是指按照原则办事，处理事情合情合理，不徇私情。做到了公平公正，才能弘扬正气，打击邪气；发扬团队精神，加强团结协作；增强凝聚力，提高工作效率；树立威信，赢得群众的拥护和尊重。坚持按照原则办事，要不徇私情，不怕各种权势，不计个人得失。

4. 光明磊落

光明磊落是指做人做事没有私心，胸怀坦白，行为正派。在职业活动中，做到光明磊落，就是克服私心杂念，把社会、集体和企业的利益放在首位。在任何时候、任何情况下，都要说真话，不说假话；说实话，不说空话和大话；干实事，不图虚名；言行一致，表里如一。

办事公道是从业者应具备的职业道德品质的重要方面。这不仅是社会主义精神文明建设的要求，也是市场竞争条件下企业生存和发展的要求。因此，每个从业人员都要自觉地把国家和企业的利益放在第一位，出色地完成本职工作，不能为了个人私利而损害国家和企业的利益，丧失原则，徇私情，谋私利，坑害国家，坑害集体。

三、向榜样学习，做到办事公道

典型一：谭彦，男，汉族，吉林省集安市人，中共党员。生前系大连经济技术开发区人民法院刑事审判庭副庭长、副院长。他从事法律工作多年，一贯坚持秉公执法、客观公正、照章办事，被人们誉为无私奉献的"铁法官"。在工作中，他处处以党员标准严格要求自己，刚正不阿、秉公执法、不徇私情、清正廉洁，从不接受吃请，不办关系案和人情案。在担任开发区法院民事和刑事审判庭副庭长期间，他不仅带领全庭干警多办案、办好案，而且自己年结案就达108件，高出平均水平44.4%，结案率、调解率、无超审限等3项指标名列全院第一，经他办理的案件无一改判。

谭彦精神的核心是秉公执法、办事公道。在谭彦看来，法官是人们谋求社会公正的依托，如果法官不能秉公执法，就会危害社会公正，使党和政府失信于民，也使自己走向社会公仆的反面。正是由于模范地、创造性地坚持了秉公执法这条干部道德规范，在情与法、钱与法、权与法的较量中，人们看到了一位既铁面无私又绝非冷酷无情的人民法官。

一次，谭彦审理一起盗窃案。被告人的亲戚与谭彦的妻子贾丽娜是同学，想让她给丈夫谭彦说说情。贾丽娜深知谭彦一向不徇私情，但抹不开老同学的面子，还是代为求情了。谭彦一听，就坦率地开导爱妻："丽娜，不是我不给面子，同学、朋友的情再大，也没有法大，咱不能让肩上的天平倾斜，原谅我。"……还有一次，涉案人搬了谭彦的老岳父来说情，也同样被他婉拒了。

在谭彦所在法院1994年的廉政记录中，有这样的记载：谭彦，一年拒贿6000余元，拒请吃15次。是谭彦有钱吗？其实，谭彦的生活很清苦，工资不高，还要接济老家常年有病的姐弟，而自己的三口之家却要靠岳父接济。然而，在清苦的煎熬和金钱的诱惑面前，谭彦以法律的尊严自励，始终恪守廉洁护法的自律，以确保秉公执法。有一次，开庭的前一天，被告人的妻子来到他家，塞给他一沓钱，被他严词拒绝。来人将钱往沙发上一放，掉头就走。谭彦因身体有恙，追赶不及。第二天开庭，谭彦照样依法审判。庭审结束后，他当众把钱退还赶来旁听庭审的罪犯的妻子，并批评了她的做法。那人慨叹道："都说有钱好办事，想不到有钱买不动谭法官。"

谭彦的同事们编的一首歌唱道：谭彦，坚强的人，一身正气，铁骨铮铮。为了社会的安宁，为了司法的公正，他刚正不阿，无私奉献。

思考

从谭彦身上你学到了哪些优秀品质？

典型二：金荣革是云南磷化集团有限公司尖山磷矿分公司擦洗车间综合组组长。参加工作20多年来，用智慧、勤劳和汗水为矿山科技进步、技术创新、质量管理、节能降耗等方面作出了重要贡献。由于家庭原因，金荣革初中毕业就参加了工作。他熟练掌握了焊工、钳工、铆工、车工、计算机CAD技术等技能知识，成为尖山磷矿的复合型技术能手。二十多年来，通过技改，他逐一打通了生产环节，擦洗车间从2005年始实现由一班生产为三班连续生产，产量从最初年产25万吨提高到现在的92万吨。特别是磷矿擦洗产率由80%提高到85%，每年增加产品4万多吨，近6年产生经济效益7500多万元，为磷矿资源高效利用作出了重要贡献。在设备修理中，他总结出了"看、摸、闻、听"的4字巡检法则，提出"检修责任工单制"，增加班组片区负责和车间监督、指导、考核全过程的机制，有效提高了设备的检修质量，缩短了检修时间，装置运转率由60%提高到75%，处于同行业领先水平。近6年累计增加产品矿量约55万吨，产生了巨大的经济效益。他的座右铭是：努力认真地完成任务，以德服人、办事公道。

思考

从金荣革身上你学到了哪些优秀品质？

四、明辨是非，积极践行

案例一：李某曾三次在超市工作，都因为以貌取人、慢待顾客而遭投诉和解聘。后来，李某又到一所学校餐厅售饭，因为照顾同乡、亲戚，掌勺卖菜不公平，被学校辞退。

1. 案例中李某的行为违反了哪一条职业道德基本规范？

2. 请你告诉李某应该怎样做？

案例二：某公司销售部有三个员工在张明的带动下私分1500元钱的货款，事情暴露了以后，根据规定要辞退张明等四人，但老总只批了辞退三名员工而保留张明，因为张明是老总的老乡。

1. 公司经理的做法妥当吗？他违背了什么职业道德规范？

2. 经理的做法会给公司带来什么影响？

做一做

结合自身实际,谈谈为人处世怎样坚持办事公道?

面对以下情形	努力做到
1. 朋友、同事	
2. 领导	
3. 顾客	
4. 竞争	
5. 制造产品	

规范四 服务群众

服务群众是为人民服务的道德要求在职业道德中的具体体现,是从业人员必须遵守的道德规范。

一、认知服务群众

服务群众就是全心全意地为人民服务。它是指在职业活动中一切从群众利益出发,为群众着想,急群众所急,忧群众所忧,乐群众所乐,为群众提供高质量的服务。

二、修炼服务群众的具体要求

1. 热情周到

树立全心全意为人民服务的思想，热爱本职工作，甘当人民的勤务员。对服务对象做到主动迎客、热情问候，周全、耐心、细致地提供优质服务，做到真心实意、全心全意、充满善意。

2. 满足群众需要

树立终身学习的理念，根据服务群众的需要，不断学习，提高服务群众的技能和水平，满足群众的需要。

3. 方便群众

从业人员在工作中应积极开展服务创新，始终做到便民而不扰民。为群众提供方便，想群众所想，急群众之所急。

4. 自觉接受群众监督

欢迎群众批评，有错即改，不护短，不包庇，不断提高服务水平。

三、向榜样学习，做到服务群众

典型一：上海海运局"长柳"轮服务员杨怀远20世纪60年代就是全国著名的劳模，他用小扁担为旅客挑行李，排忧解难，一干就是几十年。他22年没有休过星期天，35年没在家过春节，共有1336个休息天没休息，全都是义务为民服务。1966年，他被提升为客轮的政委。物质条件、经济条件都上去了，但他却三次打报告，坚持回到第一线任服务员，而且总结了一套为旅客服务的工作方法，扎扎实实把服务工作当事业来做，当学问来钻研。他学习了"普通心理学"、"儿童心理学"、"旅游心理学"，学习了哑语、各地方言，又学习常用的交际英语，设计了婴儿床、母子板、船上旅客工作台等，受到了多方好评。30年来，全国各大报纸共发表了348篇关于他的事迹报道，毛泽东、邓小平、江泽民都接见过他，清华大学的讲台、中南海怀仁堂都留下过他的足迹，学校、工厂等许多单位都请他去作过报告。近年来，他和徐虎、马桂宁等著名劳模的形象多次出现在电视荧屏和各大报刊上。几十年来，人民没有忘记这位普通的、在平凡岗位上用小扁担为人民服务的人。他说："作为服务员，要用全心全意为旅客服务的行动来影响旅客，传播精神文明。我十分热爱服务员这个光荣岗位，我把它当成终身职业和事业。"

思考

从杨怀远身上你学到了哪些优秀品质？

典型二： "时代楷模"片儿警汪勇　把好事办在群众的心坎上

2006年，汪勇初来咸东社区，在他的印象中，社区民警的工作应该比较轻松，但他第一次走访辖区住户就碰了一鼻子灰。"刚刚下来的时候，敲群众家的门，群众的防范意识比较强，还认为我是个假警察。"汪勇在采访中说道，群众对他不信任，将他拒之门外。为了扭转这种局面，更好地掌握辖区人口情况，汪勇为自己制定了一套"万千百"计划，即走一万里路，进千家门，解百家难。说干就干，汪勇用自己的一张嘴皮子和一双脚板子，开始耕耘起了自己的这一亩三分地。黄金顶是辖区出了名的单身汉，10年前黄金顶患了半身不遂，生活不能自理，家徒四壁的他一直靠低保一个人生活。为了让黄金顶有家的温暖，汪勇定期上门帮他打扫卫生，遇到刮风下雨，黄金顶出行不方便，汪勇就买好饭菜送到手上。对于汪勇的一言一行，黄金顶看在眼里、记在心里，他说："汪警官已经成了自己的亲人。"

吴阿姨儿子早年被判了刑，和儿媳非婚生的小孩没有户口，不能上学。吴阿姨来派出所申报户口，可提交的材料又不够，于是汪警官亲自跑医院、跑法院，来回好几趟，最后把小孩的户口解决了。后来吴阿姨又提出要给自己改年龄，汪勇一个人去咸阳，拿着吴阿姨提供的工友名单，找到当地派出所，查找下落，上门走访，想方设法取齐了证明材料，为吴阿姨恢复了年龄。吴阿姨感动得热泪盈眶，专门做了一面大大的锦旗，送到了派出所。

李京在咸东社区生活了多年，又是物业经理，跟汪勇打交道不少。他说，社区里有位近80岁的徐宝阿姨，一句口头语就是："只要说到汪警官，他的故事三天三夜都说不完。"有一次下雨，徐阿姨忽然感觉胸闷气短，给汪警官打电话，汪警官立马赶过去，他一看情况不好，背起徐阿姨就往医院跑。到了医院，办理抢救手续，又跑回去两趟拿医疗本和医疗卡，徐阿姨的儿子赶到医院的时候，徐阿姨已经脱离了危险。出院以后，徐阿姨逢人就说，自己这条命是汪警官救的，感谢党和组织，给辖区派了一个像儿子一样的好民警。

思　考

从汪勇身上你学到了哪些优秀品质？

四、明辨是非、积极践行

案例一：陈晶是酒管08级的毕业生，曾在烟台中心大酒店实习两年，从一个对酒店行业充满着无限憧憬的小女生到现在的为客户提供中高级职位及特殊职位人才招聘及相关咨询服务的专业服务顾问，现在的她多了一份成长的镇定与对职业更深刻的认识。

陈晶说："人总是从平坦中获得的教益少而浅，从磨难中获得的教益多而深。一个人在年轻时经历磨难，如能正确视之，冲出黑暗，那就是一个值得敬慕的人。最要紧的是先练好内功，实习这两年就是练内功的最佳时期，练好内功，才有可能在未来攀得更高；不要活在别人的嘴里，不要活在别人的眼里，而是把命运握在自己手里；在能干的基础上踏实肯干；能吃亏是做人的一种境界，是处世的一种睿智；学会在适当时吃些亏的人绝对不是弱智，而是大智；学会倒出水，才能装下更多的水。"

例如，有一次一位常住的外国客人从酒店外面回来，当他走到服务台时，还没有等他开口，陈晶就主动微笑地把钥匙递上，并轻声称呼他的名字，这位客人大为吃惊，由于酒店对他留有印象，使他产生一种强烈的亲切感，旧地重游如回家一样。

还有一位客人在服务台高峰时进店，陈晶准确地叫出："××先生，服务台有您一个电话。"这位客人又惊又喜，感到自己受到了重视，受到了特殊的待遇，增添了一份自豪感。

另外一位外国客人第一次前往住店，陈晶从登记卡上看到客人的名字，迅速称呼他以表欢迎，客人先是一惊，而后作客他乡的陌生感顿时消失，显出非常高兴的样子。简单的词汇迅速缩短了彼此间的距离。

此外，一位VIP客人随带陪同人员来到前台登记，陈晶通过接机人员的暗示，得悉其身份，马上称呼客人的名字，并递上打印好的登记卡请他签字，使客人感到自己的地位不同，由于受到超凡的尊重而感到格外的开心。

陈晶说，在酒店及其他服务性行业的工作中，主动热情地称呼客人的名字是一种服务的艺术，也是一种艺术的服务。通过酒店服务人员尽力记住客人的房号、姓名和特征，借助敏锐的观察力和良好的记忆力，做出细心周到的服务，使客人留下深刻的印象，客人今后在不同的场合会提起该饭店如何如何，等于是酒店的义务宣传员。

思 考

1. 陈晶成功的秘诀在于哪里？

2、结合自己所学的专业，谈一谈在自己的岗位中如何做到更好地服务群众？

案例二：某天晚上，某酒店服务员接待了一个外国旅游团共50多人，孙先生是这个团的翻译兼带队。他把外宾安排好就去旁边的工作厅和工作人员一起用餐。工作人员和外宾订的是一样的餐标。孙先生他们坐定后，服务员上了茶水和凉菜，但等了很久也不见上菜品。孙先生走到外面的服务台问服务员："我们的菜怎么还没上？""马上，今天比较忙，请您稍等一下。"服务员回答。这时孙先生看见大厅里的外宾们的菜已经都上齐了，也没说什么，不高兴地回到了餐桌。又等了很长时间，冷菜才上来。没等他们吃几口呢，外面的外宾已经吃完了，在等着他们。孙先生等工作人员非常生气，径直走出了店面。服务员忙追了出去说："先生，还没结账呢。"孙先生没好气地说："谁吃了你找谁结去啊，你们服务外宾的时候不是挺周到的吗，为什么结账的时候才想起我们？"服务员尴尬地站在那里说不出话来。最后，孙先生还是返了回去结了账。

思 考

1. 该案例中的服务员是否做到了服务群众？

2. 如果你是服务员，你会怎么做？

规范五　奉献社会

奉献社会是社会主义职业道德的最高要求，是为人民服务和集体主义精神的最好体现。每个公民无论在什么行业，什么岗位，从事什么工作，只要他爱岗敬业、努力工作，就是在为社会作出贡献。如果在工作过程中不求名、不求利，只奉献、不索取，则体现出宝贵的无私奉献精神，这是社会主义职业道德的最高境界。

一、认知奉献社会

奉献社会就是积极自觉地为社会作贡献。"奉"，即"捧"，意思是"给、献给"；"献"，原意为"献祭"，指"把实物或意见等恭敬庄严地送给集体或尊敬的人"。两个字合起来，奉献就是"恭敬地交付，呈献"。

奉献精神是社会责任感的集中表现。奉献是一种态度，是一种行动，也是一种信念。赠人玫瑰，手有余香。或许是一句问候，或许是一个微笑，或许是一个赞许，亦或是一个举手之劳，都会让人感到温暖甚至欣喜。奉献，方便了别人，提升了自己；奉献，激励了他人，也鼓舞了自己。奉献，是源自内心小小的感恩的心，是对社会和人民的感恩。常怀奉献之心的人真正懂得人生的快乐，心拥奉献之念的人真正懂得人生的真谛。而奉献精神更是一种力量。

但奉献社会并不意味着不要个人的正当利益，不要个人的幸福。恰恰相反，一个自觉奉献社会的人，才真正找到了个人幸福的支撑点。个人幸福是在奉献社会的职业活动中体现出来的。个人幸福离不开社会的进步和祖国的繁荣。幸福来自劳动，幸福来自创造。当我们伟大的祖国进一步繁荣富强的时候，我们每个人的幸福自然就包括在其中。奉献和个人利益是辩证统一的。奉献越大，收获就越多。一个只索取不奉献的人，实质上是一个不受人们和社会欢迎的个人主义者。

人是家庭的一员，更是社会的一员。因此，人不仅有义务维护好自己的家，也有义务为社会奉献自己的力量。懂得并舍得付出，是员工更高层次的职业道德体现，这样的员工不仅能在职场中有一番作为，更是社会的中坚力量，他们在奉献中体验快乐，在奉献中体验成长，在奉献中成就自我。生活中，我们无时无刻不在享受着他人的奉献，每个人都在他人的奉献中感受着生活的幸福。因此，我们每个人也都应倡导奉献精神，使他人因我们的存在而感到幸福，实现自己的人生价值。

二、修炼奉献社会的具体要求

1. 助人为乐

正所谓："助人者助己，助人者天助。"但助人乃为乐，不是为利，否则就背叛了助人为乐的本质。助人为乐是员工奉献社会的一种最常见的方式，是员工良好职业道德的必备品质。通俗地说，助人为乐就是将心比心、推己及人，多为他人着想。其实，很多时候，帮助别人也就是帮助自己。

2. 培养自己的社会责任感

社会责任是指一个人对自己、他人、集体、社会、国家所承担的职责、任务和使命。社会责任感则是人们对这种责任的一种强烈的自觉意识和崇高的情感、意志，或者说是一个社会成员对自己、他人、集体、社会、国家所承担的职责、任务及使命的态度。社会责任感作为一切美德的基础和出发点，是人类理性与良知的集中表现，是社会得以发展的基石。一个有奉献精神的人，必定有热心为社会服务的责任感，充分发挥主动性、创造性，竭尽全力为社会作贡献。

3. 不计个人得失

奉献社会的职业道德规范要求从业人员端正职业态度，做到爱岗敬业、诚实守信、办事公道、服务群众，不计较个人得失，完全出于自觉精神和奉献意识，舍小家为大家。在社会主义精神文明建设中，我们要大力提倡和发扬奉献社会的职业道德。

三、向榜样学习，自觉培育奉献精神

典型一：陈乐乐1992年出生于一个经济条件较差的农民家庭，从小自理能力很强。由于父母身体状况不好，家中的生活条件异常困难。因此，从五年级开始，陈乐乐的周末、假期全部都用在了打工补贴家用上，她干过小时工、当过推销员，努力学习并争取到了国家助学金。为了尽快就业挣钱，她更是放弃上高中和大学的机会，以全校第一的成绩考入公交乘务班，2011年品学兼优的陈乐乐成为青岛公交集团106线路乘务员，变成家中的顶梁柱。

"这个姑娘纯真，能吃苦，有责任心。"一提起陈乐乐，青岛工贸职业学校的副校长姜永祥就赞不绝口，陈乐乐在校期间任校学生会秘书长、2008级公交乘务班班长，曾多次获得学校和市里的"三好学生"荣誉。当时陈乐乐的入学成绩是511分，完全可以上高中、读大学，但是为了能早日赚钱养家，她最后选择了工贸职业学校。她的父亲已经年过60岁，没有正式工作，身体多病；她的母亲患有先天智障，没有自理能力，因病去世。从初中起，她的周末、假期全部都用来打工，以帮助父亲分担家庭的重担。

母亲去世后,她更加孝顺身体状况不佳的父亲,每天上班前都给父亲提前准备好饭菜,发了工资总想着给老父亲买点营养品补补身子。陈乐乐用自己的行动诠释着新时代孝老爱亲的含义,传承着中华民族的传统美德,赢得了单位领导同事以及社会群众的一致称赞。

工作学习之余,陈乐乐经常会和"乐乐青年志愿服务队"的同事们到青岛挚爱康复托老中心做义工,帮孤寡老人打扫卫生,陪他们聊天,为他们捶背,陪他们出去游玩……成了老人们最贴心的亲人。

自2011年7月受聘为106路乘务员,陈乐乐已在这辆岛城唯一以个人名字命名的公交车上走过了两个年头,踏上乘务员岗位,这位美德少年就把自己能想到的、能做到的带给了乘客们。为了给乘客提供优质的服务,她查阅资料,购买了导游书籍,编写并掌握了崂山风景的导游介绍词,为乘客提供导游服务。为了让乘客更好地领略崂山风光,乐乐还利用业余时间到线路周边的地方实地查看,请教当地的村民,探索登山新线路。

有一次,青山一个在市区读高中的学生,因为高考报名急需户口簿,可是家里很忙,抽不出人手,情急之下他们想到了乐乐,于是请她代劳。当乐乐辗转把户口簿送到乘客手里的时候,他激动地说:"幸亏是你,要不我报考的事就耽误了。"渐渐地,乐乐的电话也成了山里乘客的"热线"。谁家的老人病了需要买点常用的药,哪家的孩子上学要选购新课本都成了她的"兼职"。在乐乐车厢里有一本厚厚的记事本,上面记录着沿线乘客的电话和他们需要捎带的物品,乐乐每天发车之前的第一个任务就是先查看记录本。来来往往之间陈乐乐和沿线乘客也有了密切联系,增进了感情。

"快乐服务、快乐乘车,乐乐车厢给您快乐。"这是乐乐的服务格言,希望每一位走进乐乐车厢的乘客都感受到那种真情服务,她用甜美真诚的微笑打动了无数乘客的心,赢得了他们的赞扬。有一位七十多岁的老大爷在乘坐106路车后,在留言簿上写下这样一段话:"乐乐车厢好名字,乐在快乐行车行,乐在司机开车稳,乐在乘务笑迎人,乐在日新出新车,乐在安全有正点,乐在服务为人民!"这是乘客的心声,这是对"乐乐车厢"的褒奖,陈乐乐用快乐积极的心态和对工作的热爱执着赢在了人生的起跑线上,明天她还将迈着快乐的步伐,在公交事业的平凡岗位上,走向更加精彩的人生。

思 考

从陈乐乐身上你学到了哪些优秀品质?

典型二："把有限的生命，投入到无限的为人民服务之中去。"在南京火车站一个不起眼的候车室里，这一雷锋精神延续了近半个世纪。这个小候车室即"158"雷锋服务站。南京站4代人、131名员工，接力奉献，累积点滴小善，将这个只有30平方米的小室，打造成一个"爱的驿站"，并让雷锋精神随火车飞驰。

1. 小事中闪耀人性光芒

1968年，南京站建成。响应毛主席"向雷锋同志学习"的号召，南京站第一代客运人李惠娟等客运员自发成立了"学雷锋班组"。"当时，我们提出'上夜班的每天早来1小时，下夜班的晚走1小时'，利用业余时间，帮旅客搬行李、打开水、缝补衣物，做一些力所能及的小事。"如今已是70岁的李惠娟回忆说。

这一学就是47年。47年间，类似孙燕光这样助人为乐的故事，每天都在上演。而孙燕光正是南京站接替李惠娟学雷锋的第二代领头人。如今，这个服务班组已发展成为专为"老、弱、幼、病、残、孕"等重点旅客提供志愿服务的服务站。2000年，南京火车站为这个助人为乐的平台起了一个响亮的名字——"158"雷锋服务站。"158"即义务帮。

"158"服务站提供的服务项目依然是各种小事。然而，正是这些小善举，令这个服务站成为困难旅客心中"爱的驿站"。据统计，仅2000年以来，有记载接受过这一班组服务的旅客多达47.59万余人次，而这一班组收到的感谢信有7389封、锦旗174面。

2. 坚守中延续雷锋精神

"师父，你还帮接尿啊？"2012年3月的一天，25岁的蔡琳从软席候车室加入"158"服务站，看到带领她的老师施凤英为下肢无法站立的旅客接尿，她有些吃惊。不过，她很快就回过神来，主动帮助施凤英，拿起塑料袋，两人一前一后为乘客接尿。尽管还是有一些尿液滴到了手上，但她没有一丝嫌恶。"这又是'158'的一棵'好苗子'。"看到蔡琳的表现，施凤英这个"158"服务站第三代领头人倍感欣慰。而蔡琳这个习惯了软席候车室服务的"80后"，也体会到了"158"的不一样。

从李惠娟到孙燕光，再到施凤英，他们一代接一代，坚持岗位学雷锋。如今，在"158"服务站担当主力的则是一群"80后"、"90后"。尽管他们多是独生子女，但现在都很"享受"这份护工般的工作。

"158"服务站如今的领头人黄吉莉说："这里工资不比其他岗位高，活还要苦、累、脏一些，但在这里服务却让我们内心更充实、更快乐。"和前辈相比，这一批"80后"、"90后"进一步提升了服务标准和能力。他们都会手语，具备一定急救常识，大多数人还拿到了导游证。

"做一时好事易，做一辈子好事难，几代人在平凡的岗位上坚持做好事难上加难。"2013年的两会上，"158"服务站的事迹曾引发江苏代表团的讨论，有代表如是评价。

南京站站长杨光说，47年中，学雷锋在这里从未间断，至今先后有131名员工在这个岗位上工作过，3000多名职工到这里参与过义务服务。

3. 联动中传播志愿种子

"盲人旅客陈先生单独乘车，K1512次18号车厢27座，请@武铁襄阳火车站协助出站。"2月3日，正值春运返乡高峰。晚上6点多，"158"服务站的叶慧送一名去往襄阳的盲人旅客上车后，顾不上吃饭，马上发微博并@武铁襄阳火车站。

很快，对方回应："已安排客运人员为这名旅客提供服务，请放心。"2月13日，这位盲人旅客过完春节返回南京，同样的爱心接力再次在光纤中传送。

伴随网络发展，"158"服务站近年将对困难旅客的帮扶，进一步延展至网络空间、建QQ群、开微博，还在中国铁路总公司的支持和推动下，与全国160多家车站、480多趟列车建立起联网联动服务机制，让雷锋精神随火车飞驰，随铁轨延伸。

南京火车站党委书记朱心煜说："人民铁路为人民。奉献是铁路文化中最重要的一部分，是铁路精神的核心。'158'雷锋服务站是这种精神的最好诠释。"

思 考

如何在生活和工作中践行"奉献、友爱、互助、进步"的志愿者精神？

四、明辨是非、积极践行

案例一： 现在，网络购物非常流行，网上下单，要买的东西就通过快递到你的手上了，很方便。尤其是学生，他们是网购的主力军，每到下课时间，校园里取快递的人就排起了长队。小李是济南的一名学生，平常经常网购、收取快递，最近，快递员给他发来的短信，让他觉得很有意思。"同学们，少买东西多读书，少壮不努力，老来干快递。"这条短信让人忍俊不禁又倍感温暖。

"黑发不知勤学早，白首方悔读书迟""少壮不努力，老大徒伤悲"这一句句催人奋进的励志格言，如果出自学校师长和家庭父母之口，对学生进行劝勉鼓励，也显得不足为怪，因为老师、父母身上承担着相应的教育义务和责任。但"少买东西多读书，少壮不努力，老来干快递。"这样诙谐幽默的劝勉，被一位平凡的小快递员通过手机短信，传递进入学生们的视野时，其就有了更加美好的意义。

要知道，快递员整天与信件、邮包打交道，工作乏味得很，能够保质保量完成分内工作，已实属爱岗敬业。而快递员卢继来却在完成工作的同时，能够再承担起一份沉甸甸的社会责任，用自己的切身体会和感悟，通过短信形式来勉励学生要好好学习，确实更值得称赞。

事实上，快递哥自嘲语气的励志短信绝非空穴来风，没有任何目标指向。应当说，现在，在校学生的学习生活条件好了，电脑、网络、各种通讯设备一应俱全，但也带来了一些负面的东西。比如不少学生网购很多东西，整天上网浏览，不但花销大，而且非常影响学习。而这些对快递哥们是个不小的触动。他发自心底地呼吁学生们："现在这么好的环境，应该尽量多读书。"

赠人玫瑰，手留余香。快递哥赠人的尽管只是几句通俗易懂的话语，但对于一些学生心灵的触动却很大，无形之中，激励着学子们好好学习，圆满完成学业。对于这样"厚道"的提醒，也得到了同学们的回应。同学们纷纷表示，接到短信得到了激励和劝诫，应该努力学习、好好加油了。

思 考

1. "世上无难事，只怕有心人。"如果你在平凡的岗位上，你会如何传递正能量？

2. "我毕业后要去企业当工人，既不是超市售货员，也不是酒店服务员，因此，服务与我无关。"你同意此观点吗？请说明理由。

3. "我上班挣钱,天经地义,没有奉献的义务。"你同意此观点吗?请说明理由。

做一做

一、在过去的岁月,自己曾经做过哪些"服务"和"奉献"的事情,至今想起来还感到激动、骄傲,说出起因、经过和结果。

二、组织一次以"我服务 我奉献 我快乐"为主题的社会实践活动,将自己所学的专业知识运用到服务群众、贡献社会的实践中去,写出自己参加活动后的点滴体会。

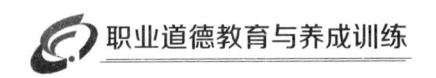

第三章　职业道德修炼的方法

学习目标

1. 认知职业道德修炼的方法。
2. 学习榜样人物的自我修炼方法。
3. 积极进行职业道德自我修炼。

智慧分享

小兔子是奔跑冠军，可是不会游泳。有人认为这是小兔子的弱点，于是，小兔子的父母和老师就强制它去学游泳。

小兔子耗了大半生的时间也没学会。它不仅很疑惑，而且非常痛苦。

猫头鹰说："小兔子是为奔跑而生的，应该有一个地方让它发挥奔跑的特长。"

看来世界上还是有智者。

看看我们的四周吧！大多数公司、学校、家庭以及各种机构，都遵循一条不成文的定律：让人们努力改正弱点。

我们整个教育制度的设计，就像捕鼠器一样，完全针对人的弱点，而不是发现和激励一个人的优点与特长。

公司经理人把大部分的时间用在有缺点的人身上，旨在帮助他减少过失。

父母师长注意的是孩子最差的一科，而不是最擅长的科目。

几乎所有的人都在集中力量解决问题，而不是去发现优势。

人人都有这样的想法，那就是：只要能改正一个人的缺点，他就会变得更好；只要能修正一个公司的缺点，这个公司就会更优良。可悲的是，这种推断是完全错误的。只注意改正一个人或一家公司的缺点，而不重视发挥它的优点，只能造就一个平常或平庸的公司。每个人一生差不多只能做好一两件事，那么，我们就没有必要让每个人都具有做好一百件事的本领。

因为这个缘故，我们最应该做的就是从一个人身上发现他能"做好一件事"的特长，然后激发这种特长、强化这种特长，如此，他便可以安身立命了。

一定要让猴子唱歌，一定要让鹦鹉举重，这不仅是残忍的，也是愚蠢的。应该有一个地方，让人们做自己最擅长的事；应该有一个地方，让小兔子跑个痛快。

思 考

1. 你有哪些特长？

2. 如何通过职业道德修炼强化自己的特长？

职业道德重在养成。职业院校的学生在校期间应在职业道德基本规范、情感、意志、信念的支配下，自觉地按照职业道德规范要求进行有意识的训练和养成，让爱岗敬业、诚实守信、办事公道、服务群众、奉献社会内化于心，在生活和学习、工作中自觉遵守、勇于实践，不断提高职业道德修养。职业道德修炼的方法概括起来有四种：学习、自省、积善、慎独。

方法一 学习

"学"就是借鉴别人的智慧；"习"就是学过后再温熟，反复地学，使之熟练；"习"还可以理解为长期重复地做，逐渐养成不自觉的活动；"习"，繁体字写作"習"，会意字，从"羽"，与鸟飞有关，本义是"小鸟反复地试飞"。先模仿别人的经验，然后反复练习，慢慢地就掌握了要领，变成了自己的技能，做起来就很随便，像平常的一样，这就叫做"习以为常"，也就是说通过"习"使之变为"常"。职业道德修炼的方法之一就是向榜样人物学习。每个人都要学会学习，具有学习力，它是一个人的核心竞争力，是走向成功的保证。

一、认知学习力

所谓学习力就是学习动力、学习毅力和学习能力三要素。学习动力是指自觉的内在驱动力，主要包括学习需要、学习情感和学习兴趣。学习毅力，即学习意志，是指自觉地确定学习目标并支配其行为克服困难，实现预定学习目标的状态。它是学习行为的保持因素，在学习力中是一个不可或缺的要素。学习能力是指由学习动力、学习毅力直接驱动而产生的接受新知识、新信息并用所接受的知识和信息分析问题、认识问题、解决问题的智力，主要包括感知力、记忆力、思维力、想象力等。相对于学习而言，它是基础性智力，是产生学习力的基础因素。学习的动力体现了学习的目标；学习的毅力反映了学习者的意志；学习的能力则来源于学习者掌握的知识及其在实践中的应用。

学习力是其三个要素的交集，只有同时具备了三要素，才能成为真正的学习力。当你有了努力的目标，你只是具备了"应学"的动力；当你具备了丰富的理论和实践经验，你仅仅具有了"能学"的力量；而当你学习的意志很坚定的时候，你不过是有了"能学"的可能性。只有将三者合而为一，将三者集于一身，你才真正地拥有了学习力。

最新的学习型组织理论告诉我们，企业的竞争最终一定是学习力的竞争。因为，人才是有时间性的。你只能保证自己今天是人才，却无法保证明天的你依然是一个人才。复旦大学原校长杨福家教授提出，今天的学生从大学毕业刚走出校门的那一天起，他四年来所学的知识已经有50%老化掉了。当今世界，知识老化的速度和世界变化的速度一样越来越快。所以，为了使你在明天依然是一个货真价实的人才，一定要有学习力作为你的后盾。

每一个人才背后，一定要有很强的学习力作为支撑。如果你的学习力每况愈下，那你很可能从一个"人才"变成你的企业乃至社会的一个"包袱"。人才其实是一个动态的概念，它不是一成不变的，不是永恒的。它需要不断地晋级、不断地发展，只有人才的学习力不断地加强、不断地提高，才能保证人才的新鲜，这样的人才才是信息时代的人才，才是真正意义上的人才。所以，人才竞争的背后隐藏着学习力的竞争。

二、如何提高自己的学习力

1. 知道学习的重要性

学习无论对于一个国家或是一个政党，乃至一个人，都是极其重要的。著名作家王蒙说："一个人的实力绝大部分来自学习。"本领需要学习，机智与灵活反应也需要学习，健康的身心同样是学习的结果，学习可以增智、可以解惑、可以辨是非。

学习是把钥匙。我们无论在学习、工作亦或是生活中，都强调和重视"拓宽视野"。著名科学家牛顿说过："如果说我比别人看得更远些，那是因为我站在了巨人的肩上。"《庄子秋水》里说过："井蛙不可以语于海，拘于虚也。"牛顿之所以能够看得远，是因为站得高，视野开阔；"井底蛙"之所以认为天地只有井那般大，也归咎于"视野"的原因，它为井口所局限，而看不见天之广、地之大。在我们人生中，有许多未知的领域，而学习就如一把万能钥匙，可以为我们打开一扇扇大门，让我们看见更广袤、更精彩的世界。海伦·凯勒在19个月的时候，因为一场高烧，不仅失去了视力，还失去了听力，她的世界是黑暗而又寂寞的，然而她坚持不懈地学习，不仅会读书和说话，还成为了一位学识渊博、掌握五种语言的著名的作家和教育家。海伦用学习这把钥匙打开了一个崭新的世界，她如此描绘着她心中"看"到的世界："我常常感觉到一阵微风吹过，花瓣散落在我身上。于是我把落日想象为一座很大很大的玫瑰园，园中的花瓣从空中纷纷扬扬地落下来。"学习是一种发现，它为我们扩大了精神的空间与容积，学无涯，思无涯，其乐亦无涯。

学习是座灯塔。在成长之路上，总会有许多困惑、许多悖论、许多选择，我们时常会迷惘，不知道下步该如何。当面临选择痛苦的时候，可以去学习，用学习和思想抚慰焦虑、缓解痛苦、启迪智慧、找寻答案。春秋时期著名乐师师旷曾劝学晋平公："少而好学，如日出之阳；壮而好学，如日中之光；老而好学，如秉烛之明。秉烛之明，孰与昧行乎？"学习就如太阳、如烛火，如大海中的灯塔，让我们在黑暗中看清方向、找到道路。学习不但意味着接受新知识，同时还要修正错误乃至对错误的认识。毛主席说过："情况是在不断地变化，要使自己的思想适应新的情况，就得学习。"进学致和，行方思远，学习归根结底是通向真理、通向知识、通向光明的抉择。只有学习，才能避免陷入少知而迷、不知而盲、无知而乱的困境，才能克服本领不足、本领恐慌、本领落后的问题。否则，"盲人骑瞎马，夜半临深池"，虽勇气可嘉，确是鲁莽和不可取的，不仅不能打开一番新局面，而且有迷失方向的危险。

学习是面镜子，"立身以立学为先"。早在北宋年间，大文学家欧阳修就提出这样的观点，修养品行要从学习开始。对于我们，学习是校正世界观、人生观、价值观的"立身"之镜，常照"学习"之镜，能够看清自己，帮助自己正衣冠、修形象；不照"镜子"，就看不见自己的"污垢"，就难以辨清是非曲直。毛主席说过："房子是应该经常打扫的，不打扫就会积满了灰尘；脸是应该经常洗的，不洗也就会灰尘满面。我们同志的思想，我们党的工作，也会沾染灰尘的，也应该打扫和洗涤"。纵观那些锒铛入狱的贪官，无不因为学习少了，照"镜子"少了，而看不见自己思想上的灰尘，看不见自己扭曲的人格，以致走上了不归路。有智者说过，不断认识自己的无知是人类获得智慧的表现，学习给了我们一面时刻能够看清自己的镜子，让我们能够不断地认识自我，得到校正的机会，也就如老子所言："知人者智，自知者明"。

2. 明确学习的目标

周恩来12岁那年，因家里贫困，只好离开苏北老家，跟伯父到沈阳去读书。

伯父带他下火车时，指着一片繁华的市区说："没事不要到这里来玩，这里是外国租界地，惹出麻烦，没处说理啊！"周恩来奇怪地问："这是为什么？"伯父沉重地说："中华不振啊！"

周恩来一直想着伯父的话，为什么在中国土地上的这块地方，中国人却不能去？他偏要进去看个究竟。

一个星期天，他约了一个好朋友，一起到租界地去了。

这里确实与其他地方不同，楼房样子奇特，街上的行人中，中国人很少。忽然，从前面传来喧嚷声，他俩跑过去看。在巡警局门前，一个衣衫褴褛的妇女正在向两个穿黑制服的中国巡警哭诉，旁边还站着两个趾高气扬的洋人。他俩听了一阵就明白了，这位妇女的丈夫被洋人的汽车轧死了，中国巡警不但不扣住洋人，还说中国人妨碍了交通。周围的中国人都忿忿不平，心怀正义感的周恩来拉着同学上前质问巡警："为什么不制裁洋人？"巡警气势汹汹地说："小孩子懂什么？这是治外法权的规定！"说完走进巡警局，砰的一声把门死死关上。

从租界地回来，周恩来心情很沉重，他常常站在窗前向租界地方向远远地望着，沉思着。

一次，校长来给大家上课，问同学们："你们为什么读书？"有的说："为明礼而读书。"有的说："为做官而读书。"有的说："为父母而读书。"有的说："为挣钱而读书。"当问到周恩来的时候，他清晰有力地回答："为中华之崛起而读书！"校长震惊了，他没料到，一个十几的孩子竟有这样大的志气。

15岁那年，周恩来以优异成绩考进天津南开中学。那时，伯父的生活也很困难，他就利用节假日给学校抄写材料，挣一点钱来做饭费。生活虽清苦，但他的学习愿望却很强烈。他在课上认真听讲，课外阅读大量书籍，获得了丰富的知识。他的考试成绩总是全班第一。全校师生都很敬重他，说他是品学兼优的好学生。学校为了奖励他，宣布免去他的学杂费。他成为南开中学唯一的一个免费生。

周恩来在青少年时期，为中华之崛起努力读书。以后，也是为了这个目标，他忘我地工作，无私地奉献了毕生精力。

周恩来总理是我们学习的榜样。为中华之崛起努力读书是他青少年时期的梦想。作为一名当代青年，我们也应该像周总理那样树立远大的理想，立足岗位，报效国家。

一个企业的员工一般分为三种类型：平凡员工、优秀员工、卓越员工。平凡员工：整天无所事事、得过且过、不思进取、碌碌无为，工作效率低，团队协作及执行力较差，喜欢找借口推卸责任，见利思迁，损公肥私，经常抱怨福利差、薪水少，不能与企业同甘共苦……

优秀员工：遵守企业规则，忠于职守，服从领导，协作同事，善待客户，能融入团队，能保质保量完成工作，注重细节，能把工作做得更好，不喜欢找借口，敢于承担责任，有一定专业水平，遇到问题也会想办法解决，也会为企业提供好的建议，有维护企业形象的意识，能做好自己的本职工作……

卓越员工：敬业爱岗，忠诚守信，拥有良好的人际关系和团队精神，主动而且出色地完成任务，注重细节，精益求精，不找借口找方法，提升工作效率，具备较强的执行能力，时刻为企业提供好的建议，永远维护企业形象，与企业共命运……

平凡员工对企业的贡献少，在工作中往往拖团队的后腿，在企业发展遇到问题时，往往会被当成负担而裁掉。优秀员工能够为企业创造价值，推动企业发展。卓越员工是企业的真正核心竞争力，是企业走向成功、迈向卓越的源动力。

请问，将来踏上工作岗位，你想成为哪一类的员工呢？如果你心中有了答案，你就会明确学习的目标，有了学习的动力，当你遇到困难时，你会凭着坚强的意志克服困难，达成目标。

3. 提高学习的技能

一是增强记忆力。记忆，就是过去的经验在人脑中的反映。它包括识记、保持、再现和回忆四个基本过程。其形式有形象记忆、概念记忆、逻辑记忆、情绪记忆、运动记忆等。记忆的大敌是遗忘。提高记忆力，实质就是尽量避免和克服遗忘。在学习活动中只要进行有意识的锻炼，掌握记忆规律和方法，就能改善和提高记忆力。常见的增强记忆的10种方法是：

（1）注意集中。记忆时只要聚精会神、专心致志，排除杂念和外界干扰，大脑皮层就会留下深刻的记忆痕迹而不容易遗忘。如果精神涣散、一心二用，就会大大降低记忆效率。

（2）兴趣浓厚。如果对学习材料、知识对象索然无味，即使花再多时间，也难以记住。

（3）理解记忆。理解是记忆的基础。只有理解的东西才能记得牢、记得久。仅靠死记硬背，则不容易记得住。对于重要的学习内容，如能做到理解和背诵相结合，记忆效果会更好。

（4）过度学习。即对学习材料在记住的基础上，多记几遍，达到熟记、牢记的程度。

（5）及时复习。遗忘的速度是先快后慢。对刚学过的知识，趁热打铁，及时温习巩固，是强化记忆痕迹、防止遗忘的有效手段。

（6）经常回忆。学习时，不断进行尝试回忆，可使记忆有错误得到纠正、遗漏得到弥补，使学习内容难点记得更牢。闲暇时经常回忆过去识记的对象，也能避免遗忘。

（7）视听结合。可以同时利用语言功能和视觉、听觉器官的功能来强化记忆，提高记忆效率，比单一默读效果好得多。

（8）多种手段。根据情况，灵活运用分类记忆、图表记忆、缩短记忆及编提纲、作笔记、卡片等记忆方法，均能增强记忆力。

（9）最佳时间。一般来说，上午9~11时、下午3~4时、晚上7~10时，为最佳记忆时间。利用上述时间记忆难记的学习材料，效果较好。

（10）科学用脑。在保证营养、积极休息、进行体育锻炼等保养大脑的基础上，科学用脑，防止过度疲劳，保持积极乐观的情绪，能大大提高大脑的工作效率。这是提高记忆力的关键。

二是打开思维之门。提炼出一套自己的思维方式，对于我们在工作和生活中如何解决问题有很大的帮助。如何建立自己的思维方式，没有速成的路，也没有一劳永逸的路，需要在学习、工作和生活中不断思考、实践、探索并有意识地加以训练。在学习、做事时，要做到全神贯注、注意培养自己的观察力、想象力、意志力，采取有效的方法培养自己的创新思维、逻辑思维、发散式思维、聚合式思维、逆向思维、空间思维、系统思维等。突破思维定势、不因循守旧、敢于自我超越。

4. 找到最佳的学习方法

每个人都会有许多学习方法，这些方法构成了自己的一个学法体系，因此，只要优化了自己的学法体系，必定大大提高学习效果，使学习真正快速有效。现在特别推荐下列十大学习方法作为学法体系的支柱。

（1）目标学习法。

明确学习目标是目标学习法的先决条件。目标学习法的核心问题，是必须形成自我测验、自我矫正、自我补救的自我约束。

学习目标与人生目标不同，它比较具体，可以在短时间内实现。它可以使我们比较容易地享受成功的欢乐，增强我们的信心。实现学习目标也是实现人生目标的开始，只有使大小、远近目标有机地结合，才会避免一些无效劳动的发生。

（2）问题学习法。

带着问题去看书，有利于集中注意力、目的明确，这既是有意学习的要求，也是发现学习的必要条件。心理学家把注意分为无意注意与有意注意两种。有意注意要求预先有自觉的目的，必要时需经过意志努力，主动地对一定的事物发生注意。它表明人的心理活动的主体性和积极性。问题学习法就是强调有意注意有关解决问题的信息，使学习有了明确的指向性，从而提高学习效率。

问题学习法要求我们看书前，首先去看一下课文后的思考题，一边看书一边思考；同时，它还要求我们在预习时去寻找问题，以便在听课时、在老师讲解该问题时，集中注意力听讲；最后，在练习时努力地去解决一个个问题，不要被问题吓倒，解决问题的过程就是你进步的过程。

（3）对比学习法。

矛盾的观点是我们采用对比学习法的哲学依据。因为我们要进行对比，首先要看对比双方是否具有相似、相近或相对的属性，这就是可比性。对比法的最大优点在于：对比记忆可以减轻我们记忆负担，相同的时间内可识记更多的内容。对比学习有利于区别易混淆的概念、原理，加深对知识的理解。对比学习要求我们把知识按不同的特点进行归类，形成容易检索的程序知识，有利于知识的再现与提取，也有利于知识的灵活运用。

（4）联系学习法。

唯物辩证法认为世界上任何事物都是同周围的事物存在着相互影响、相互制约的关系。科学知识是对客观事物的正确反映，因此，知识之间同样存在着普遍的联系，我们把联系的观点运用到学习当中，会有助于对科学知识的理解，会起到事半功倍的效果。

根据心理学迁移理论，知识的相似性有利于迁移的产生。迁移是一种联系的表现，而联系学习法的实质不能理解为仅仅只是一种迁移。迁移从某种意义上说是自发的，而运用联系学习法的学习是自觉的，是发挥主观能动性的充分体现，它以坚信知识点必然存在联系为首要前提，从而有目的地去回忆、检索大脑中的信息，寻找出它们间的内在联系。当然，原来对知识掌握的广度与深度直接影响到建立知识间联系的数量多少，但我们可以通过辩证思维，通过翻书、查阅甚至是新的学习，去构建新的知识联系，并使之贮存在我们的大脑之中，使知识网日益扩大。这一点是迁移所不能做到的。

学习新知识就要想到旧知识，想到自己亲身经历过的事，不能迷信权威，克服定势思维。把抽象的知识具体化，发挥右脑的作用。

（5）归纳学习法。

所谓归纳学习法是通过归纳思维，形成对知识的特点、中心、性质的识记、理解与运用。当然，作为一种学习方法来说，归纳学习法崇尚归纳思维，但它不等同于归纳思维本身，同时它还要以分析为前提。

可见，归纳学习法指的是要善于去归纳事物的特点、性质，把握句子、段落的精神实质，同时，以归纳为基础，搜索相同、相近、相反的知识，把它们放在一起进行识记与理解。其优点就在于能起到更快地记忆、理解的作用。

（6）压缩学习法。

所谓压缩学习法就是要尽可能地压缩记忆的信息量，同时基本上又能记住应记的内容。比如有要点记忆法、归纳记忆法、意义记忆法，都属压缩记忆法。每段话有明确要点的自然用要点记忆法，如果没有就要经过归纳形成要点后进行记忆。而归纳的最主要方法以意义为依据。可见，记忆以要点为基本单位，也可理解为以中心思想为单位。记住了要点并不是要放弃其他内容，而是以对其他内容的理解为前提，它可极大地增加记忆的信息量。

(7) 思考学习法。

孔子提倡学习知识面要广泛，并且强调要在学习的基础上认真深入地进行思考，把学习与思考结合起来。他说："学而不思则罔，思而不学则殆。"如果只是读书记忆一些知识，而不通过思考加以消化，这只能是抽象的理解，抓不住事物要领，分不清是非。

《中庸》中提出为学的五个阶段：博学、审问、慎思、明辨、笃行。慎思就是要把外在的知识和事件与自己切身经验结合起来进行认真思考，既用自己的经验来思考知识与事件，又用知识与事件来思考自己的经验，不断地交换位置和方向，达到理解和重新理解知识、事件和经验的目的，促进自己内在精神世界的成长。

(8) 合作学习法。

同水平差不多的人一起学习，就有了一个学习伙伴，更何况每人都有自己的长处；同水平高于你的人一起学习，他就是你的老师，你自然可以学得许多东西；同水平低于你的人一起学习，你是他的老师，我们常说"教学相长"，你同样可以学得许多东西。当然，合作学习并不是几个人的简单相加。

美国明尼苏达大学"合作学习中心"的约翰逊兄弟认为，有五个要素是合作学习不可缺少的。这些要素是：①积极互赖。指的是学生们知道他们不仅要为自己的学习负责，而且要为其所在小组的其他同学的学习负责。②面对面的促进性相互作用。③个人责任。指的是每个学生都必须承担一定的学习任务。④社交技能。⑤小组自加工。小组必须定期地评价共同活动的情况，保持小组活动的有效性。

合作学习有利于增进人与人之间的相互了解、温情与信任，学会处理人际关系的技能、技巧与策略，学会有效地表达自我。在学习交往中，可以培养、发展真正的责任意识和义务感。

(9) 循序渐进法。

我们在学习中有一个误区，认为只要肯花时间、多做练习，学习成绩必然进步，其实不尽然。虽然量变的必然结果是质变，但并不能说任何量变都会引起质变。试想，在现实生活中，有的人花的时间不多、练习量不大，为何能有明显的进步呢？这就是一个效率问题。在经济学上我们常说企业要发展，必须要采用集约型增长方式。学习也是如此，不能盲目地投入精力，这首先要做到循序渐进。有的同学一心求快，不考虑自己的水平，拿到书就看，拿到练习就做。比如，有的人连中学教科本的课文还没有弄懂，就大量地死记课外的唐诗宋词，理由是课外读物很重要；有的人连书本的语文题也没有过关，便大量地去做高考模拟题，理由是只做课文题应付不了高考；有的人连简单的英语对话都不行，就去看许多经贸口语，理由是中国入世了，经贸英语更显重要。从理由上看并不错，但针对自己的实际情况，你采取的方法是错的，因为你违背了循序渐进的认识规律。

（10）持续发展法。

可持续发展是我国经济建设的重要战略。要成为社会主义建设人才，必须具备发展的观点，用发展的观点看待学习问题，也就是我们所提倡的持续发展法。它要求我们学习上不能偏科，力求全面发展。当然，全面发展并不等于平均发展，对自己的兴趣、特长应该发展，为此，应围绕其中心不断完善自己的知识结构，向纵深发展，培养自己研究性学习的能力，培养自己科学献身精神，使自己持续发展。可持续发展首先是观念上的要求，只有这样的学习观，才会有这样的学习方法。有了这样的学习方法，才能根本上消灭死记硬背、盲目崇拜倾向，重视其他科学的有效方法。

5. 知行合一，止于至善

"知行合一"，源于明朝思想家王阳明先生的《传习录》，寓意思想与行动的高度统一。"止于至善"，出自《礼记·大学》，强调精益求精，达到最完美地步。"知行合一，止于至善"，就是思想与行为、理论与实践结合统一，追求事业的完美无缺。"知行合一，止于至善"，简单通俗的理解即德才兼备、言行一致、表里如一。

人要明白正确高尚的道义，要明白自己对他人的责任，完成自己应尽的义务。这就是知行合一。知是行的必然前提，行是知的必然结果。

格物而后知至，知至而后意诚，意诚而后心正，心正而后身修，身修而后家齐，家齐而后国治，国治而后天下平。我们常常只注意到最后修、齐、治、平那几句，却忘记了开始就说到的格物而后至知，达到心正，即心正是至善的关键。也就是需要培养、树立、明确自己的思维方向、觉悟之路，而后才可以走在正确的轨道上完成自己的责任。

只要正见稳固，其他的行为才会成为正确的、有效的，如果没有正确的见解思维，则一切行为都是无意义甚至有害的。

习近平总书记强调：培育和践行社会主义核心价值观，贵在坚持知行合一、坚持行胜于言，在落细、落小、落实上下功夫。要把社会主义核心价值观日常化、具体化、形象化、生动化，变为实实在在的东西。同样，修炼职业道德也要坚持知行合一，行胜于言，向榜样人物学习，从点滴小事做起，内化于心，外化于行。

思 考

1. 通过以上学习，你明确了职业道德修炼——学习的目标吗？

2. 你知道向谁学？学什么？怎么学吗？

做一做

请写出5位你想学习的榜样人物的名字、优秀品质，分析你与榜样人物之间的差距，制定学习目标和学习计划，并付诸行动。

方法二　自省

一、认知自省

自省就是自我评价、自我反省、自我批评、自我调控和自我教育，是孔子提出的一种自我道德修养的方法。他说："见贤思齐焉，见不贤而内自省也。"（《论语·里仁》）

"自省"就是通过自我意识来省察自己言行的过程，其目的正如朱熹所说："日省其身，有则改之，无则加勉。"（《四书集注》）孔子的学生曾子力行"自省"这一主张，他经常做到"吾日三省吾身"，即检查自己"为人谋而不忠乎？与朋友交而不信乎？传不习乎？"（《论语·学而》）战国时荀子则把"自省"和学习结合起来，作为

实现知行统一的一个环节。他说:"君子博学而日参省乎己,则知明而行无过矣。"(《荀子·劝学》)

由此可见,先哲强调自省贵在自觉、主动;自省应本着严于律己的精神,对自己的过失及时改正,做到德行统一。

"自省"不等于自我批判,包括自我肯定。逆境时要自省,顺境时更要自省,在自省中总结过去、规划未来。自省也不等于盲目自责,自省是积极的、愉快的、建设性的,是往好的一面引导自己的思想言行。

"自省"是一种能力,自省能力好的人表现为意志力强、个性独立、有自己内在的世界观,喜欢独处,追求自己的兴趣,有自信,穿着有自己的风格,能独立完成研究主题。而自省能力差的人自我价值感很低,不知道自己的人生目标,不太留意自己日常的感觉,时常担心亲近的人会不喜欢自己,不喜欢一个人生活,有时会有虚无感,觉得没有真正活着,经常为一些小事不安。

二、如何做到自省

自省—顿悟—提高—更加自律—自由,这就是道德修养的有效途径和方法。"自省反己者,触事皆成药石;尤人者,动念即是戈矛。"(明朝洪英明《菜根谭》)意思是说,经常反省自己的人,遇到的每一件事都能成为改进自己的良药;动辄责怪别人的人,一起念头就是伤害别人,这说明了自省在自我修养方面的重要性。如何做到自省呢?我们要向富兰克林学习。

本杰明·富兰克林(Benjamin Franklin)(1706~1790)(又译班哲明·富兰克林),出生于美国马萨诸塞州波士顿,他出身贫寒,只念了一年书,就不得不在印刷厂做学徒。但他利用学徒的闲暇时间刻苦学习,阅读了大量的书籍,在政治、科学、历史、文学等方面打下了扎实的基础。他自学了数学和4门外语,发明了避雷针、两用眼镜、新式火炉和新式路灯。他率先提出了北美殖民地"不联合就死亡"的口号,并起草了"独立宣言"。1771年,他出版了改变无数人命运的《富兰克林自传》。富兰克林是美国著名政治家、科学家,同时亦是出版商、印刷商、记者、作家、慈善家,更是杰出的外交家及发明家。

富兰克林之所以走向成功,就在于他善于自省和自我管理。富兰克林的自我管理从两方面入手的,一是自我时间管理,二是自我品德管理,并辅以严肃的检查。

在自我时间管理方面,他把每天的作息时间列成表格,规定自己在何时工作、在何时休息、在何时做文艺活动。

下面是他的时间表,可以作为参照。

清晨:

A 早上5点至7点。

起床、洗漱、祷告、早餐。

规划白天的事务和下决心。

晨读和进修。

在这段时间里，他向自己提一个很有意义的问题：我一天将做些什么有意义的事。

B 8至11点。

切实执行一天的工作计划。

C 12至13点。

读书或查账，吃午饭。

D 14至17时。

把未做完的工作迅速完成，把已经做好的工作仔细检查，有错的地方立即改正。

E 晚上18至21点。

整理杂物，把用过的东西物归原处。

晚餐、音乐、娱乐、聊天。

做每天的反省。

此段时间，他提出了一个帮自己反省的问题：我今天做了什么有益的事情？

F 晚上22点以后。

好好睡眠。

在自我管理品德方面，他列举了需要自己培养的13种美德。

① 节制。食不过饱，饮酒不醉。

② 寡言。言必于人于己有益，避免无益的聊天。

③ 生活秩序。每一样东西应该有一定的安放地方，每件日常事务应有一定的时间去做。

④ 决心。当作必做，决心要做的事应坚持不懈。

⑤ 俭朴。用钱不要浪费。

⑥ 勤勉。不浪费时间，每时每刻做些有用的事情。

⑦ 诚恳。不欺骗人，思想要纯洁公正，说话也要如此。

⑧ 公正。不做损人利己之事。

⑨ 适度、避免极端。别人若给了你处罚，应当容忍。

⑩ 清洁。身体、衣服、住所力求清洁。

⑪ 镇静。不要因为小事或普通不可避免的事故而惊慌失措。

⑫ 贞节。为了健康，切记伤害身体或损害自己以及他人的安宁和名誉。

⑬ 谦虚。仿效耶稣和苏格拉底。

为了培养这些品质，他采取了一次只完成13项中的一项的办法。

他做了一项小本子，用红笔在每页纸上划上表格，分别写上每周的7天，然后用竖线划出13个格。每天用黑点记载当天完成该项道德手册中的不足。这样不断反复练习，直至巩固为止。

他每天检查自己的过失，目的就在于养成这些美德的习惯。

同时，他告诫别人，如果要学习这种方法的话，最好不要全面地去尝试一起培养，以致分散注意力，最好还是在一个时期内集中精力掌握其中的一种美德。等完全掌握了，再掌握其他的美德。

纵观富兰克林的做法，要做到自省，首先要知道自己想要的是什么、想成为什么样的人，即目标明确。其次要正确地认识自己，明确自己与目标的差距，制定整改措施，积极行动，并在做的过程中不断检视、修正自己的行为和品德，最后做到日事日毕、日清日高。

思 考

你了解自己在品德修养、行为习惯等方面的优缺点吗？如何改正你的缺点？

做一做

请模仿富兰克林列出每天的作息时间安排表，明确每一时间段应该做什么（内容）、怎么做（措施），做到什么程度（标准）。要求：建立德礼日记，每天反省自己，总结成功的经验、失败的教训，制定整改目标和措施，执着力行。

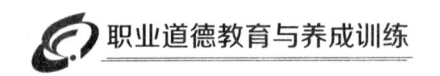

方法三　积善

一、认知积善

积善即持续做好事、做善事，累积善行。《荀子·劝学》说："积善成德，而神明自得，圣心备焉。"意思是积累善行，养成良好的品德，于是就能达到很高的精神境界，智慧就能得到发展，圣人的思想也就具备了。这说明培养品德的过程是一个逐步积累、逐步发展、由不知到知、由少到多、由量变到质变的过程。

二、如何积善

1. 明辨是非

"学而不思则罔，思而不学则殆。"是非明，方向清，路子正，人们付出的辛劳才能结出果实。面对世界的深刻复杂变化，面对信息时代各种思潮的相互激荡，面对纷繁多变、鱼龙混杂、泥沙俱下的社会现象，面对学业、情感、职业选择等多方面的考量，一时有些疑惑、彷徨、失落是正常的人生经历。关键是要学会思考、善于分析、正确抉择，做到稳重自持、从容自信、坚定自励。要树立正确的世界观、人生观、价值观，掌握了这把总钥匙，再来看看社会万象、人生历程，一切是非、正误、主次，一切真假、善恶、美丑，自然就洞若观火、清澈明了，自然就能作出正确判断、作出正确选择。正所谓"千淘万漉虽辛苦，吹尽狂沙始到金"。

2. 及时行善

行善要从我做起，从点滴小事做起，勿以恶小而为之，勿以善小而不为。每个人都要心存善念，与人为善，以恭敬仁爱之心看待一切事物。处理问题时，对事不对人。有成人之美，乐善好施，助人为乐。

3. 常怀感恩之心

感恩父母养育，定当涌泉相报，敬老孝亲，自爱自强；

感恩师长培养，我会牢记教诲，认真学习，天天向上；

感恩自然赐予，我要保护环境，珍惜资源，热爱生命；

感恩国家庇护，我当回馈社会，争当文明公民，热心公益服务；

感恩朋友相助，我要推己及人，关爱他人，老吾老以及人之老，幼吾幼以及人之幼；

感恩农夫劳作，我会珍惜一粥一饭，勤俭节约，尊重他人的劳动。

思考

做好事是积善,那么严以律己、不做坏事是不是积善呢?

做一做

请在德礼日记中记录下你日行一善的足迹。

方法四 慎独

一、认知慎独

"慎"就是小心谨慎、随时戒备;"独"就是独处,独自行事。"慎独"指的是在没有人监督的情况下,人们也能自觉地严于律己,坚持自己内心的信念,谨慎地对待自己的所思所行,自觉遵守道德准则,不做任何不道德的事。慎独是进行个人道德修炼的重要方法,也是评定一个人道德水准的关键性环节。

"慎独"是自我完善的必修课。清朝的曾国藩在修身方面所下的功夫,最常提到的是"慎独"二字。他认为:"自修之道,莫难于养心;养心之难,又在慎独;能慎独,则内省不疚,可以对天地质鬼神。"认为"此为人生第一自强之道,第一寻乐之方,守身之先务也"。一个人越是在无人监督的时候,越能严格要求自己,做到谨慎从事,不做违德背理之事,就越能接近自我完善的思想境界。

"慎独"还是道德品质的"试金石"。《后汉书·杨震传》有一则"暮夜无知"的故事：杨震赴任东莱太守时途经昌邑，被他推荐为昌邑县令的王密夜晚拜见，想送他十斤黄金，杨震拒绝了。王密说："暮夜无知。"杨震义正词严："天知，神知，我知，你知，怎么说没有人知道呢！"王密羞愧而返。同是暮夜无人时，同样面对十斤黄金，杨震、王密二人的道德修养就高下分明了。

"慎独"更是社会生活的"净化器"。人一旦缺少了"慎独"精神，就会降低自己的道德水准，只顾个人利益而无视他人利益。可怕的是这种思想一旦"传染"开来，别人也会以他为"榜样"，如果人人效仿，久而久之，世风日下就成必然。

二、如何做到慎独

慎独关键要在"隐"和"微"上下功夫，即无人在场和有人在场都是一个样，不让任何微小邪恶的念头萌发，这样才能使自己的道德品质日臻完善。

1. 严格要求自己

三国时刘备的"勿以恶小而为之，勿以善小而不为"，东汉杨震的"天知、地知、你知、我知"就是慎独自律、道德完善的体现。2005年感动中国的王顺友，一个普通的乡村邮递员，就是当代恪守"慎独"的典范。他一个人20年走了26万多公里的寂寞邮路。尽管生存环境和工作条件十分恶劣，但他没有延误过一个班期，没有丢失过一封邮件，投递准确率达100%。他说："保证邮件送到，是我的责任。"在漫漫"孤独之旅"上他对自己严格要求，在"一个人的长征"中，他服务无数山里人的执着，为人类创造了一笔宝贵的精神财富。

2. 自我反省

一个人要进步，就要经常地、认真地反省自己。伟大的科学家爱因斯坦说："我每天上百次地提醒自己：我的精神生活和物质生活都依靠别人的劳动，我必须尽力以同样的份量来报偿我所领受的、至今还在领受着的东西……"蜚声中外的医学院士吴阶平在年老时这样反思自己："我自己认为，在1950~1960这十年里是取得了可喜成绩的，那时自己也的确十分勤奋，但这并不代表一生中都在坚持不懈地努力。自己在科学研究中锲而不舍的精神还远远不够，自己也有偷懒、靠小聪明过关甚至是一知半解的地方。"科学家们这种勤于反思、严于自律的精神为我们作出了表率。

"慎独"是一面盾牌，可助你抵御各种各样的诱惑，防范各色各类的"糖弹"；"慎独"是一盏明灯，可帮你照亮前行之路，明辨是非曲直；"慎独"是一剂良药，可使你内心清朗、精神昂然。那么，就让我们用"慎独"警示自己、鞭策自己，坦荡为人，踏实做事，做一个道德高尚的人，使我们的社会更加文明、更加和谐。

思 考

在现实生活中,你做到慎独了吗?

做一做

请列出你最想改正的三个缺点并写在德礼日记上,制定改正计划,严格要求自己,做到人前请人监督,人后做到慎独,限期改正。

下篇 职业道德养成训练

第四章　制定目标

学习目标

1. 通过自测，认识自己，了解自己，寻找差距，明确努力的方向。
2. 了解优秀企业文化及优秀员工标准，找准定位。
3. 制定合理的改善目标，制定可行的计划，采取有效的措施，立即行动完善自己。

智慧分享

　　美国耶鲁大学进行过一次跨度 20 年的跟踪调查。这个大学的研究人员最早对参加调查的学生们提了一个问题："你们有目标吗？" 90%的学生回答说有。研究人员又问："如果你们有了目标，那么，是否把它写下来呢？"这时，只有 4%的学生回答说："写下来了。" 20 年后，耶鲁大学的研究人员跟踪当年参加调查的学生们，结果发现，那些有目标并且用白纸黑字写下来的学生，无论是事业发展还是生活水平，都远远超过了另外的没有这样做的学生。他们创造的价值超过余下的 96%的学生的总和。那么，那 96%的学生今天在干什么呢？研究人员调查发现：这些人忙忙碌碌，一辈子都在直接或间接地帮助那 4%的人在实现他们的理想呢。流沙河的《理想》一诗是这样说的："理想是石，敲出星星之火；理想是火，点燃熄灭的灯；理想是灯，照亮夜行的路；理想是路，引你走向黎明。"目标在人的一生中具有引导和动力保障作用，不可不重视。心理学家曾经做过这样一个实验：组织三组人，让他们分别向着 10 公里以外的三个村子进发。 第一组的人既不知道村庄的名字，也不知道路程有多远，只告诉他们跟着向导走就行了。刚走出两三公里，就开始有人叫苦；走到一半的时候，有人几乎愤怒了，他们抱怨为什么要走这么远，何时才能走到头，有人甚至坐在路边不愿走了；越往后，他们的情绪就越低落。第二组的人知道村庄的名字和路程有多远，但路边没有里程碑，只能凭经验来估计行程的时间和距离。走到一半的时候，大多数人想知道已经走了多远，比较有经验的人说："大概走了一半的路程。"于是，大家又簇拥着继续往前走。当走到全程的四分之三的时候，大家情绪开始低落，觉得疲惫不堪，而路程似乎还有很长。当有人说："快到了！""快到了！"大家又振作起来，加快了行进的步伐。第三组的人不仅知道村子的名字、路程，而且公路旁每一公里都有一块里程碑，人们边走边看里程碑，每缩短一公里大家便有一小阵的快乐。行进中他们用歌声和笑声来消除疲劳，情绪一直很高涨，所以很快就到达了目的地。

思 考

1. 第三组能够轻松到达目的地的原因是什么？

2. 你在日常生活中，有没有坚定目标获得成功的体验？

当人们的行动有了明确目标的时候，并能把行动与目标不断地加以对照，进而清楚地知道自己的行进速度与目标之间的距离，人们行动的动机就会得到维持和加强，就会自觉地克服一切困难，努力到达目标。我们在职业生涯的规划中，也应该从学生时代起，树立职业目标，坚定职业信念，有目标、有信念地开展自己的职业旅程。

第一节　确定职业目标

自我测试

测试一

根据你的实际情况，选择一个适合你的答案。

1. 对于团体的工作，你抱着：（　　）

A. 热心参加的态度

B. 漠不关心的态度

C. 十分厌烦

2. 你对工作的态度是：（　　）

A. 宁肯做待遇低些但价值高的工作

B. 认为工作只不过是为了解决生活

C. 一心一意只做报酬高的工作，不理会工作有没有意义

3. 当自己逐渐长大时，你同时会：（　　）

A. 学习更多的知识或者技能

B. 内心感到恐惧与不安

C. 毫无感觉，不予理会

4. 对于交朋友，你会感觉到：（　　）

A. 十分重要，因此在平时你就喜欢与人交往，注意礼貌，争取友谊

B. 以为友谊很平常，不必重视

C. 友谊无价值，不如孤独自处

5. 对于报纸刊物的看法：（　　）

A. 认为有注意的必要，因此常选择性阅读，以了解世界大事，学习新的知识

B. 当作是茶余饭后的消遣，可有可无

C. 不予注意，认为与其看报纸，不如去看戏

6. 对于服装，你的态度是：（　　）

A. 要求端正、整齐，不必奢华

B. 只要能保暖适体，不必讲究

C. "先敬罗衣后敬人"，对服装十分讲究

7. 当你孤独寂寞时，你会：（   ）

A. 去找朋友，或去找些事情来做

B. 独自去散散步，或者去看看戏

C. 闭门胡思乱想来打发时间

8. 当自己有缺点的时候，你就：（   ）

A. 承认自己的缺点，极力设法改正

B. 如果没有人发觉，就不予理会，也不自我检讨

C. 即便有人指点，也极力否认

9. 对于生活开支，你：（   ）

A. 精打细算，量入为出，养成储蓄的习惯

B. 认为只要不欠债就行

C. 今朝有酒今朝醉，不必有什么计划

10. 当遇到困难时，你就：（   ）

A. 找出产生困难的原因，并且把遇到挫折当作是一次经验和教训

B. 内心不安，设法找人来帮忙

C. 独自悲哀，感到消极，对前途无望

11. 当别人批评你时，你就：（   ）

A. 冷静地考虑别人的意见，如果是对的，就予以接受；不当的也不随便发怒，只找机会辩白一下

B. 不理会别人的批评，不作任何反应

C. 对别人的批评，一概表示不满，并且与人争吵

12. 对男女关系的看法，你认为：（   ）

A. 男女地位是平等的，彼此是合作的关系，任何一方均不应抱利用对方的心理和异性朋友来往，不可存有邪念

B. 男女之间应保持相当距离

C. 男女关系很平常，可以很随便

13. 当别人遇到困难时，你就：（   ）

A. 首先判断对方遇到的是什么困难，如果有援助的必要，就立即去帮助对方

B. 不问理由，尽力去助人

C. 认为这是别人的事，采取袖手旁观的态度

14. 对事物的"新"或"旧"的看法：（   ）

A. 认为事物不必分新旧，好不好要看价值如何

B. 一视同仁

C. 只接受新的事物，旧的一概不要

15. 你对生活的安排是采取：（   ）

A. 拟订一年的计划，在一年之中又按月拟订具体的工作和学习目标

B. 请他人为自己安排，或者依照他人的生活计划

C. 认为过一天算一天，不必做什么安排

评分标准：

每题 A 记 5 分，B 记 2 分，C 记 0 分。各题得分相加，统计总分。

答案解析：

60 分以上，优等。你对生活和事业抱有崇高理想，能面对现实，遇见困难挫折能设法克服，能与人合作，创造事业。

40~59 分，中等。你对生活和事业有一定想法，基本上能正视现实，对大部分困难和挫折能想方设法克服，但有时也会产生悲观消极的念头。

39 分以下，说明你对各种问题的认识尚不清楚，或抱有错误观念，对克服困难缺乏信心。你必须加紧练习，锻炼自己，多多交友，才能创造美好的前途。

那么，如何才能培养正确的理想并开创美好的前途与人生呢？北京宏威首席职业顾问郭策先生友情提示：

1. 投身社会的激流：社会化是个人学习有效参与社会生活所必需的知识和技能的过程。社会化水平越高，就越能正确认识社会，树立正确的社会观、政治观、价值观、幸福观；就越能正确认识个人与集体、个人与社会的关系；就越能认识时代的特点、社会的要求、自己所处环境的客观条件，从而按照社会需要来确立自己的理想。

2. 量力而行：许多人都不难做到"胸怀大志"，却不易做到"脚踏实地"，往往给自己设置超出自身能力太多的目标，这样既加大了"达标"的难度，又饱受"失败"的打击和折磨，有人甚至由此而丧失了信心和志气。因此，酌情量力，从自己实际出发，实事求是地制定适合自身特点的发展计划，才不失为明智之举。

3. 远期目标和近期目标相结合：理想不是简单的幻想，切忌好高骛远。人们可以实施小步计划，从目前最重要的事情入手，从一点一滴做起，最终会迈向理想的顶峰！

自测结果：＿＿＿＿＿＿＿分

行动锦囊

九步确定你的人生目标和制定达到目标的计划

你想在五年之后、十年之后，或者一年之后的今天在哪？这些都是你的目标，你可不想一直待在你现在的位置，但明确你的真正的目标是一件困难的事情。

很多人认为设定人生目标就是找一些遥遥无期的梦想，但永远不会实现。这被看成只是预言如何实现自己抱负，因为，第一，这些目标没有被足够详细地定义；第二，它始终只是一个目标，而没有相应的行动。

定义你的目标是一件需要你花费很多时间仔细考虑的事情。下面的步骤可以让你开始这样的旅程：

第一步，写出一个你的人生目标的清单。人生目标是一件重要的事，换句话说，就是你的人生抱负，不过抱负听起来总像一种超出你可控范围的事情，而人生目标是如果你愿意投入精力去做，就可能达到的。因此，你这一生真正想要的是什么？什么是你真正想去完成的事情？什么事情如果你突然发现你不再有足够的时间去完成的时候，会后悔不已？这些都是你的目标，把每个这样的目标用一句话写下来。如果其中任何目标只是达到另外一个目标的关键步骤，把它从清单中去掉，因为它不是你的人生目标。

第二步，对于每一个目标，你需要设定一个你认为合适的时间框架。这就是你的十年计划、五年计划，还有你的一年计划。其中一些目标由于你的年龄、健康、经济状况等可能会有"搁置期"，这些你需要用来完成目标的因素，需要花一些时间来达成。

第三步，描绘你达到每一个人生目标的详细旅程，这才是更让人热血沸腾的部分。对于每一个人生目标，都按照下面的步骤来处理：

把每个人生目标单独写在一张白纸的顶端。

在每个目标下面写上你要完成这个目标所需要但是目前你又没有的资源。这些东西可能是某种教育、职业生涯的改变、财务、新的技能等。任何一个你在第一步里面去掉的关键步骤，都可以在这一步中补上。如果任何一个目标下面还有子目标，都可以补上，以保证你的每一步都有精确的行动相对应。

在第二步所列出的每项中，写下你要完成每一步所需要的行动。这个可能是一个检查清单，这是你可以完成你的目标的所有确切的步骤。

检查你在第二步里面所写的时间框架，在每一张目标表上写下你所要完成目标的年份。对于那些没有确定年限的目标，考虑一下你想要在哪一年完成它并以此作为年限。

检查整个时间框架，为你所需要完成的每一小步，写下你所需要完成的现实时间。

现在检查你的整个人生目标，然后定一个你这周、这个月和今年的时间进度表——以便你自己可以按照预定的路程去完成你的目标。

把所有的目标完成时间点写在你的进度表上，这样你对要完成的事情就有了确定的时间了。在一年的结尾，回顾你在这一年里面所做的，划掉你在这一年里面已经完成的，写下你在下一年里面所要去完成的。

可能你需要花很多年的时间，比如说，完成一次职位提升，因为你先要去找一份兼职工作以保证你可以获得更多的钱供你读完一个在职课程以拿到 MBA 学位，但你最终会达到你的目标，因为你不但计划好了你要得到什么，并且也计划好了要如何去得到，在得到之前你要做哪些步骤。

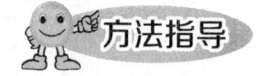

方法指导

一、目标管理的 SMART 原则

这是使管理者的工作由被动变为主动的一个很好的管理手段，实施目标管理不仅是为了利于员工更加明确高效地工作，更是为了管理者将来对员工实施绩效考核提供了考核目标和考核标准，使考核更加科学化、规范化，更能保证考核的公正、公开与公平。

所谓 SMART 原则，即是：

1. 目标必须是具体的（Specific）
2. 目标必须是可以衡量的（Measurable）
3. 目标必须是可以达到的（Attainable）
4. 目标必须和其他目标具有相关性（Relevant）
5. 目标必须具有明确的截止期限（Time-based）

无论是制定团队的工作目标还是员工的绩效目标都必须符合上述原则，五个原则缺一不可。

制定的过程也是自身能力不断增长的过程，经理必须和员工一起在不断制定高绩效目标的过程中共同提高绩效能力。

特别注明：有的又如此解释此原则：

制定目标的 SMART 原则

——S 代表具体（Specific），指绩效考核要切中特定的工作指标，不能笼统；

——M 代表可度量（Measurable），指绩效指标是数量化或者行为化的，验证这些绩效指标的数据或者信息是可以获得的；

——A 代表可实现（Attainable），指绩效指标在付出努力的情况下可以实现，避免设立过高或过低的目标；

——R 代表现实性（Realistic），指绩效指标是实实在在的，可以证明和观察；

——T 代表有时限（Time bound），注重完成绩效指标的特定期限。

二、短期目标与长期目标

短期目标通常是指时间在一至两年内的目标，是中期目标和长期目标的具体化、现实化和可操作化，是最清楚的目标。

1. 短期目标的主要特征

（1）目标具备可操作性。

（2）明确规定具体的完成时间。

（3）对现实目标有把握。

（4）服从于中期目标。

（5）目标可能是自己选择的，也可能是企业或上级安排的、被动接受的。

（6）目标需要适应环境。

（7）目标要切合实际。

2. 短期目标和长期目标的关系

短期目标是可以维持长期目标实现的物质保障。长期目标可分解成 N 个短期目标，从而使长期目标变成可以实现的计划。

应用举例

人生的规划也是一种设计，是为了人生的目标服务的，人生的目标时而变动，同样人生的规划也是要变动的，要不断调整和变化发展的。人生规划一般包括近期、中期、长期、远期计划。例如：爱因斯坦进入苏黎世联邦工业大学，立即为自己拟订了一份人生策划："我用四年的时间学习数学和物理，我希望自己成为自然学科中某一些学科的教授，我将选择理论性学科。""我制定计划的理由：① 喜欢抽象思维和数学思维，缺乏想象和对付实际的能力。② 这是我自己的愿望，它激励我作出类似的决定，以考察我的毅力。很自然人总是喜欢干他有能力做的事。另外，科学工作很有独立性，这适合我意。" 他在大学中不断地修订自己的"蓝图策划"，使每一项都更切合达到目标的需要。比如，他不得不放弃数学而专攻物理，这是经过自我的审视和严密分析作出的果断选择。

爱因斯坦的人生策划：惊人的思维优势、具有创造性的生命、独立的个性；生性孤僻，自我意识而后内强烈。独立的个性使他获得了内心充分自由，使他提前步入个体时代。好奇心也可以说是想象力，具有强烈的好奇心和惊人的想象力，他运用想象力的胆量是世界第一的，没有可以和他相提并论，想象一个人跟着光线跑并抓住它，大胆的想象导致他的狭隘相对论的发现。迷恋自然现象，善于手脑结合，喜欢音乐，阅读理论类的书，他梦想着具有神奇的个性；爱好哲学，他将冥思苦想和偏爱理论的素质成功地连接为一体，更强化了他。

同学们可以根据自己的个性特点与选择的专业，制定自己的短期目标与长期目标，比如短期目标：电商专业学生可以制定目标一年之内掌握PS的基本操作，长期目标是自主创业，开设属于自己的网店。

自我完善

根据行动锦囊与方法指导，结合职业自测，你的职业目标还有哪些需要完善的方面：

1.

2.

3.

第二节　培养事业心

职业态度可以看作是成就欲望，或者是"野心"、"事业心"等。一个成就欲望高的人，在工作时会更投入，对于一些创造性的、具有挑战性的工作，交给工作态度好的人会更好，而一些重要的领导岗位，更是需要担任者具备强大的成就欲望。

自我测试

测试一

以下是单项选择题，A代表"非常赞同"，B代表"比较赞同"，C代表"不太赞同"，D代表"不赞同"。请在你的选项前划"√"。

1. 如果要你在生活愉快和富有之间选择，你总是选择生活快乐，因为你认为它最重要。A、B、C、D

2. 如果某项工作非完成不可，你就会不管压力和困难有多大，都会努力去完成它。A、B、C、D

3. 成败论英雄有时确实存在。A、B、C、D

4. 你容不得他人或者自己犯错误，一旦犯了，你会严厉批评或惩罚。A、B、C、D

5. 你非常看重名誉。A、B、C、D

6. 你的适应能力非常强。A、B、C、D

7. 只要是你决心做的事情，就会坚持到底。A、B、C、D

8. 如果别人把你看成身负重任的人，你会感到很高兴。A、B、C、D

9. 你有一些高消费的嗜好，并且你有能力承受和乐意承受这份消费。A、B、C、D

10. 如果你知道某个项目会有好的结果，你就很小心地将时间和精力花在这个项目上。A、B、C、D

11. 在一个团队里，你认为团队的成功比你个人成功更重要。A、B、C、D

12. 你是一个认真的人，即使眼看赶不上进度了，你也不愿草率工作。A、B、C、D

13. 能够正确地表达你的意思，你会很高兴，但你必须确定别人是否能正确了解你。A、B、C、D

14. 你的工作情绪总是很高，精力充沛。A、B、C、D

15. 你并不看重所谓的"金点子"，而更看重良好的判断和整体策划。A、B、C、D

评分标准：

题号	答案及分值
1.	A：0　B：1　C：2　D：3
2.	A：3　B：2　C：1　D：0
3.	A：2　B：3　C：1　D：0
4.	A：1　B：3　C：2　D：0
5.	A：3　B：2　C：1　D：0
6.	A：3　B：2　C：1　D：0
7.	A：3　B：2　C：1　D：0
8.	A：3　B：2　C：1　D：0
9.	A：3　B：2　C：1　D：0
10.	A：3　B：2　C：1　D：0
11.	A：3　B：2　C：1　D：0
12.	A：3　B：2　C：1　D：0
13.	A：3　B：2　C：1　D：0
14.	A：3　B：2　C：1　D：0
15.	A：3　B：2　C：1　D：0

答案解析：

总分为 0~15 分，说明你成就欲望不强，你更看重家庭生活的美满与精神生活的充实。

总分为 16~30 分，说明你成就欲望较强，在事业与家庭之间，你会权衡利弊后作决定。

总分为 31~45 分，说明你成就欲望强烈，对名利、金钱、权力很看重，野心勃勃。

自测结果： _____ 分

测试二

下面有 25 个问题，请根据你的实际情况如实回答。回答从否定到肯定分为 5 个等级：0 表示完全否定；1 表示基本否定；2 表示说不准；3 表示基本肯定；4 表示完全肯定。请把每题的得分记下来。

1. 你现在对自己抱有信心吗？
2. 当你情绪不好时，你会进行调解吗？
3. 你有明确的人生目标吗？
4. 你有业余爱好吗？
5. 对于生活中出现的问题，你能往积极乐观方面想吗？
6. 你经常进行体育锻炼吗？
7. 当事情没做好时，你也不因为此否定自己吗？
8. 你能以幽默的态度对待生活中的许多事情吗？
9. 你已不过分关注自己的心理问题或症状，而去做你该做的事？
10. 你的惧怕心理越来越少、胆量越来越大吗？
11. 你只关注着自己的进步，而不和别人盲目比较吗？
12. 你能把学到的理论运用于自己的生活实践吗？
13. 你是否认为你应该对自己的人生负责，而不因归咎于父母等外界因素？
14. 你有可以相互交流、相互倾诉、相互帮助的朋友吗？
15. 当别人提出你不愿意接受的要求时，你是否敢加以拒绝？
16. 你是否能理解别人和关心别人？
17. 你是否能安下心来专心做事？
18. 你对生活充满着热情而不是无聊消沉吗？
19. 你已明确了自己的长处和短处并加以辩证的看待吗？
20. 你能保持着对外界的关注，而不是盯着自己的心理症状吗？
21. 你对自己出现退步或反复能加以宽容吗？

22. 你能把生活安排得井井有条吗？

23. 你是否已不十分在意别人的看法？

24. 你是否已不拿一些无关的事情来否定和考验自己？

25. 你的情绪基本上处于稳定和良好的状态吗？

答案解析：

低于65分则要引起高度警惕，马上进行调整！总分达到65分，为及格；66至80分为基本合格；81至95分为良好；96分以上为优等。

自测结果：_____分

行动锦囊

个人的职业态度对其职业选择的行为有所影响，观念正确、心态健全的人，对职业的选择较积极、慎重，作出正确选择的机会较大。相反地，观念不正确、心态不健全的人，对职业的选择具有推诿搪塞、轻忽草率及宿命论的倾向。因此，正确的职业态度的养成是不容忽视的。

我们要认识职业特点，更新职业观念，激发职业热情，大部分人走向社会后都要从企业一线的生产劳动做起，通过按劳取酬自立于世，通过劳动创造价值从而作用于社会的进步与发展。良好职业态度的养成是我们每一个人的必修课，职业态度取决于个体对职业价值的认识和自身的职业追求。要培养良好的职业态度，必须针对即将从事的职业的特点和社会意义开展教育。我们每一个人从普通中学进入大学、中职学校学习的时候，都面临人生的第一个转折，我们对所学的专业、将来要从事的职业了解甚少。学校会从我们进校的第一天开始，就对我们进行关于职业的宣传教育，要让我们明白来校学什么、将来干什么，将来所从事的职业工作具备怎样的社会价值和社会意义，从而培养我们积极的职业态度，激发其职业热情。学校既会帮助我们破除传统职业观念的束缚，同时又会帮助我们克服新形势下各种错误职业观念的影响。首先，我们要树立正确的职业价值观，正确看待职业。职业价值观是职业态度的核心。职业价值取向易受社会评价的影响，现今社会往往以拿钱多少、工作的舒适与辛苦程度作为评价职业优劣的标准，重文凭、轻技能的观念在青年人中普遍存在，片面追求高学历的观念导致青年人不愿当工人，当了工人不愿学技术。因此，要树立正确的职业价值观，必须要摒弃拜金主义和利己主义以及重学历、轻技能、轻视劳动的错误价值取向。通过在学校对德育和职业指导课程的学习，建立正确的职业理想、职业道德，了解所学专业的社会价值，知道职业的价值在于造福社会、人生的价值在于奉献社会的观念，从而正确对待社会上的不同职业，热爱自己将要从事的职业。其次，要树立正确的职业目标观，立足本职岗位，走技能成才的道路，在岗位上建功立业。受应试教育的影响，大多数人往往缺乏明确的职业追求。对此，要加强思想政治学习，要知道技术型工人是国家建设的重要人才，当技术工人同样可以实现自身价值的观念，树立职业无贵贱，"三百六十行，行行出状元"，学技能、有特长、利终身的观念。

明确职业要求，注重职业训练，增强职业意识是就业前必须具备的基本素质，对良好职业态度的学习，不能仅仅停留在简单枯燥的说教中。由于学生入校时缺乏职业体验，仅靠单纯的职业道德学习往往显得空泛，结果收效甚微。要结合思想实际，从平时抓起，从细节抓起，通过对行为规范的强化训练加深对职业的认知和情感体验，培养自觉遵守职业规范的习惯，潜移默化地自觉规范自己的行为。要根据企业的用人要求，明确由中学生向中职生转变、由中职生向准职业人转变、由准职业人向职业人转变的目标。从入学开始，就要认真参加军训，并在以后的学习生活中不断巩固军训成果，培养自身不怕吃苦、不怕困难的优良作风，养成良好的行为习惯。在课堂学习中做到学科性、专业性与职业性的统一，明确职业岗位的要求，明白自己应该具备的职业素质。要有针对性地对职业素质进行训练，每学期有计划、分步骤地开展学习，形成职业意识。到实训基地亲身体验，定期到相应的行业企业参观调研，了解专业特征及未来工作的基本条件，强化自身对职业要求全方位的认识。要多参加高技能人才事迹报告会、优秀毕业生成才事迹报告会等，积极向职业标兵学习，使自己学有方向、赶有目标，走向技能成才、岗位成才的道路。要按照企业对员工的标准要求自己，使自己初步具备职业人的基本素质，能够满足用人单位的要求，能够适应在企业的发展。

进行职业实践，提高职业素质，培育职业精神。职业实践是职业学习的重要环节，根据企业对技能人才的需求，我们除了重视文化知识和专业技能的学习外，更应突出基本素质的培养学习。要注意克服偏重文化知识和专业知识的学习而忽视职业态度培养的倾向，切实提高自身的职业素质。把握学校邀请定点实习企业的领导和专家到学校，向学生宣传介绍企业精神、企业文化和企业的创业发展历史的机会，充分感受企业精神的丰富内涵，使企业精神真正内化为我们自己的观念和自觉行动。通过实习实训的形式认识社会、了解企业，学会做人、学会团队协作、认识企业文化，培养良好的职业道德和脚踏实地的工作作风。

经验告诉我们：不受企业欢迎，除了知识和技能不足以外，更重要的原因是眼高手低、吃苦精神不够，不能接受企业严格规章制度的管理，工作态度和爱岗敬业精神与企业的要求相距甚远。因此，要通过校内外实习，通过学习过程与工作过程同步、实习与就业一体的学习过程，提前适应社会，进行职业实践和职业适应，在提高职业技能水平、增强就业竞争力的同时，亲身感受现代企业精神、企业文化，了解现代企业的用人标准，掌握企业对技能人才的要求，在工作中逐步体验劳动创造财富的辛苦，在劳动中磨炼坚强的意志，养成艰苦劳动、爱岗敬业的优良品质，荡涤心中一切轻视劳动的不良观念，用勤劳的双手创造自己美好的明天。

良好职业态度的培养和形成不是一蹴而就的，而是一个循序渐进的过程。要有效地建立良好的职业态度，必须注意学习内容的适合性和梯度性、学习途径的开放性和实践性、学习方法的针对性和科学性，扎扎实实地推进职业理想、职业道德教育，培养良好的职业态度，全面提高职业素质，真正成为企业欢迎的高素质技能人才。

方法指导

事业心及其相关素质是可以经过训练和培养来提高和获得的。主要有以下几个途径：

一、通过心理健康教育树立事业心

心理健康的重要标志之一就是具有稳定的情绪和积极健康的心态。因此，心理健康教育对于青少年树立上进心、事业心，提高自我心理调适能力，增强心理承受力，正确对待困难和挫折，都具有重要意义。许多青少年朋友在生活中遇到失意、困难、挫折和不幸时，可以通过自我心理调适或求助于心理咨询来使自己摆脱困境、走出低谷，重新树立起生活的信心和勇气，找回迷失的自我。因此，主动接受心理健康教育是青少年朋友树立上进心、事业心的重要途径。

二、通过榜样的力量激发事业心

榜样的力量是无穷的。古往今来，许多成功者都留下了一串串闪光的足迹。他们虽然所处的年代不同、成才的方式不同，但有一点是共同的，这就是他们都具有强烈的进取精神和顽强拼搏的意识，以及对祖国、对社会的强烈责任感。

例如，我国南宋时岳飞；"以天下为己任"的老一代无产阶级革命家毛泽东、周恩来、朱德等；还有科学巨匠爱因斯坦，进化论奠基人、英国生物学家达尔文，以及我国著名科学家李四光、数学家华罗庚等，数不胜数。

青少年朋友应当以他们为榜样，自觉激发自己的事业心。

三、通过自信心和成就动机的训练来提高事业心

人的自信心和成就动机是可以通过相关训练来提高的。而成就动机和自信心的提高将直接促进进取精神的增长。美国社会心理学家麦克莱伦认为，个体的成就动机可以通过多种途径加以培养，如心理治疗、团体咨询、敏感性训练等。但首先应当培养良好的个性品质，如自信心、独立性、自我实现需要等，当一个人形成了这些良好的个性心理品质后，成就动机就会随之提高，就会有较强烈的事业心。

四、用理想强化事业心

理想是人心中不灭的灯塔，拥有理想导航，青少年朋友才能在生活的波涛中把握航向，劈波斩浪，驶向理想的彼岸。否则，只能随波逐流，找不到心灵的港湾。理想是上进心的动力和源泉，理想可以强化事业心，青少年朋友应树立远大理想并不断激励自己为实现理想而奋斗、拼搏。

应用举例

世界上有许多具有事业心的典范，就像爱迪生临死之前还努力工作，居里夫人辛勤工作、发现并提炼出了镭，牛顿因为一个苹果而不断研究发现了万有引力，莱特兄弟经过无数次失败后发明了飞机等。

在舜帝时代，黄河流域洪水泛滥，人们深受其害。舜帝派鲧治水不成，又派禹继父业治水。当时禹刚刚结婚，他离家外出，带领大家沟通九河，引济漯水入海，把汝汉淮泗导入江。他用了 13 年时间，终于制伏了洪水。禹在治水过程中公而忘私，三次路过家门也不进去看一看。他把天下有人淹死看成是自己没有尽到责任，身劳焦思，身体偏枯，手足胼胝，全心全意治水。他这种克己奉公的精神一直受到后人景仰。

居里夫妇的实验室条件极差，夏天，因为顶棚是玻璃的，里面被太阳晒得像一个烤箱；冬天，又冷得把人都快冻僵了。居里夫妇克服了人们难以想象的困难，为了提炼镭，他们辛勤地奋斗着。居里夫人进行提取实验时，她每次把 20 多公斤的废矿渣放入冶炼锅熔化，连续几小时不停地用一根粗大的铁棍搅动沸腾的材料，而后从中提取仅含百万分之一的微量物质。

"文革"期间，有一次，周总理连续工作了三个昼夜，当天晚上又安排了七个会，累得病又犯了，疼痛难忍，就站起来用椅背顶住腹部，继续耐心地听大家汇报。参加会议的同志请总理坐下，总理低声说："我不能坐，一坐下就会睡着了。"总理所在的党支部看到总理的身体十分虚弱，便以支部的名义做了一个决议，要总理增加休息时间。可是，对这个决议，总理往往执行得不好。大家又写了一张告示，贴到总理的门上，要他严格执行支部决议，注意休息。总理看后笑着说："我老了，剩下的时间不多了，要更加抓紧时间为党工作。"

"一别五十载，从未曾离开。"50 多年前，一场意外事故，雷锋不幸倒地牺牲，但雷锋精神闪亮矗立。人们一提起雷锋，就想到他的奉献精神，比如"雷锋出差一千里，好事做了一火车"，"人的生命是有限的，可是，为人民服务是无限的，我要把有限的生命投入到无限的为人民服务之中去"。现如今，只要有人干了好事，人们就会把他们赞为"活雷锋"。雷锋已被完全符号化，是好人的象征，隐喻着奉献、良善以及纯粹等优秀品质。其实，雷锋不是扁平的，而是立体的；雷锋精神不是单一的，而是丰富的。雷锋是一名士兵，驾驶员是雷锋的本职工作，而做好事只是其"业余爱好"。人们往往盯住一个存善心、行善举的雷锋，而往往忽略了一个工作称职、有着极高职业素养和职业道德的雷锋。雷锋的岗位是平凡的，但他"干一行爱一行、专一行精一行"，在平凡的岗位上做出了不平凡的业绩。他不把工作当成负担，而是当作了一种快乐，快乐、全心地投入工作，才能深入其中，积极创新。据报道，雷锋当年驾驶的卡车很破旧，是连队出了名的"耗油大王"，但经过他精心维修保养，竟成为节油标兵车。在那个时代，雷锋的内心深处也许没有职业道德这样的字眼，但他对职业道德有颇为形象的表达。"我愿永远做一个螺丝钉。螺丝钉要经常保养和清洗，才不会生锈。""如果你是一滴水，你是否滋润了一寸土地？如果你是一线阳光，你是否照亮了一份黑暗？如果你是一颗粮食，你是否哺育了有用的生命？如果你是一颗最小的螺丝钉，你是否永远坚守在你生活的岗位上？"这些名言提到的螺丝钉，后被赞为螺丝钉精神，即像螺丝钉一样爱岗敬业。雷锋这些朴素的表达，深刻地诠释了职业道德的真义。

　　大型电视连续剧《水浒传》中鲁智深的扮演者臧金生，为了把人物演得更加逼真而采取紧急增肥的办法。"涮羊肉要最肥的，鸡蛋一天十几个，饭前一把乳酶生，饭后一把酵母片，睡觉之前灌啤酒……"就是这样，短短两个月里，他的体重硬是增加了 23 公斤！人家告诉他，这种非正常性增肥是要折寿的。可是他并不后悔，说："一要对得起古人，老祖宗留下那么好的文化遗产；二要对得起'上帝'，尊重观众得拿出实际行动；三要对得起艺术家的良心，这是咱自己的事业嘛。"

　　盖茨也许不是哈佛大学数学成绩最好的学生，但他在计算机方面的才能却无人可以匹敌。他的导师不仅为他的聪明才智感到惊奇，更为他那旺盛而充沛的精力而赞叹。他说道："有些学生在一开始时便展现出在计算机行业中的远大前程，毫无疑问，盖茨会取得成功的。"在阿尔布开克创业时期，除了谈生意、出差，盖茨就是在公司里通宵达旦地工作。有时，秘书会发现他竟然在办公室的地板上鼾声大作。不过为了能休息一下，盖茨和他的合伙人艾伦经常光顾晚间电影院。"我们看完电影后又回去工作。"艾伦说。

　　作为一名职业篮球选手，乔丹的敬业态度的确是无与伦比的。为了比赛的胜利，他可以放弃娱乐和休息，拼命苦练。长期艰苦的技巧和体能训练是乔丹获得成功的根本保证。乔丹在他的自述中提到了成功的"秘诀"："为什么当我需要在赛场上最大限度地发挥潜能时，我能够做到呢？因为我以前曾经做过，它是我准备工作的一部分。我到达过那种水平，我知道它在什么地方，即如何获得用以对付比赛的突发情况。"

　　可以说，这些人是成功的，也许他们的成功不仅仅是因为有事业心，但如果没有事业心，他们是万万不可能成功的。所以，我们想要成功就必须先树立起事业心，真正地爱上这个行业。

自我完善

根据行动锦囊与方法指导，结合职业自测，你的职业事业心还有哪些需要完善的方面：

1.

2.

3.

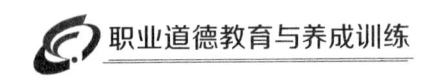

第五章　落实责任

学习目标

1. 通过自测，认识自己，了解自己，寻找差距，明确努力的方向。
2. 了解自己的性格能量特质、具备哪些能力，进一步承担责任。
3. 制定合理的能力完善目标，制定可行的计划，采取有效的措施，通过行动，承担责任。

智慧分享

李开复给女儿的一封信

亲爱的女儿：

当我们开车驶出哥伦比亚大学的时候，我想写一封信给你，告诉你盘旋在我脑中的想法。

首先，我想告诉你我们为你感到特别骄傲。进入哥伦比亚大学，证明你是一个全面发展的优秀学生，你的学业、艺术和社交技能最近都有卓越的表现，无论是你高中微积分第一名、时尚的设计、绘制的球鞋，还是在"模拟联合国"的演说，你毫无疑问已经是一个多才多艺的女孩。你的父母为你感到骄傲，你也应该像我们一样为自己感到自豪。

我会永远记得第一次将你抱在臂弯的那一刻，一种新鲜激动的感觉瞬间触动了我的心，那是一种永远让我陶醉的感觉，就是那种将我们的一生都联结在一起的"父女情结"。我也常常想起我唱着催眠曲轻摇你入睡，当我把你放下的时候，常常觉得既解脱又惋惜，一方面我想，她终于睡着了！另一方面，我又多么希望自己可以多抱你一会儿。我还记得带你到运动场，看着你玩得那么开心，你是那样可爱，所有人都非常爱你。

你不但长得可爱，而且是个特别乖巧的孩子。你从不吵闹、为人着想，既听话又有礼貌。当你三岁时，我们建房子的时候，每个周末十多个小时你都静静地跟着我们去运建筑材料，三餐在车上吃着汉堡，唱着儿歌，唱累了就睡觉，一点都不娇气、不抱怨。你去上周日的中文学习班时，尽管一点也不觉得有趣，却依然很努力。我们做父母的能有像你这样的女儿真的感到非常幸运。

你也是个很好的姐姐。虽然你们姐妹以前也会打架，但是长大后，你们真的成为了好朋友。妹妹很爱你，很喜欢逗你笑，她把你当成她的榜样看待。我们开车离开哥大后，她非常想你，我知道你也很想她。世界上最宝贵的就是家人。和父母一样，妹妹就是你最可以信任的人。随着年龄的增长，你们姐妹之间的情谊不变，你们互相照应，彼此关心，这就是我最希望见到的事情了。在你的大学四年，有空时你一定要常常跟妹妹视频聊聊天，写写电子邮件。

大学将是你人生最重要的时光，在大学里你会发现学习的真谛。你以前经常会问到"这个课程有什么用"，这是个好问题，但是我希望你理解："教育的真谛就是当你忘记一切所学到的东西之后所剩下的东西。"我的意思是，最重要的不是你学到的具体的知识，而是你学习新事物和解决新问题的能力。这才是大学学习的真正意义——这将是你从被动学习转向自主学习的阶段，之后你会变成一个很好的自学者。所以，即便你所学的不是生活里所急需的，也要认真看待大学里的每一门功课，就算学习的技能你会忘记，学习的能力是你将受用终身的。

不要被教条所束缚，任何问题都没有一个唯一的简单的答案。还记得当我帮助你高中的辩论课程时，我总是让你站在你不认可的那一方来辩论吗？我这么做的理由就是希望你能够理解：看待一个问题不应该非黑即白，而是有很多方法和角度。当你意识到这点的时候，你就会成为一个很好的解决问题者。这就是"批判的思维"——你的一生都会需要的最重要的思考方式，这也意味着你还需要包容和支持不同于你的其他观点。我永远记得我去找我的博士生导师提出了一个新论题，他告诉我："我不同意你，但我支持你。"多年后，我认识到这不仅仅是包容，而是一种批判式思考，更是令人折服的领导风格，现在这也变成了我的一部分。我希望这也能成为你的一部分。

在大学里你要追随自己的激情和兴趣，选你感兴趣的课程，不要困扰于别人怎么说或怎么想。史蒂夫·乔布斯曾经说过，在大学里你的热情会创造出很多点，在你随后的生命中你会把这些点串联起来。在他著名的斯坦福毕业典礼演讲中，他举了一个很好的例子：他在大学里修了看似毫无用处的书法，而十年后，这成了苹果 Macintosh 里漂亮字库的基础，而因为 Macintosh 有这么好的字库，才带来了桌面出版和今天的办公软件（例如微软 Office）。他对书法的探索就是一个点，而苹果 Macintosh 把多个点联结成了一条线。所以不要太担心将来你要做什么样的工作，也不要太急功近利。假如你喜欢日语或韩语，就去学吧，尽管你的爸爸曾说过那没什么用。尽兴地选择你的点吧，要有信念有一天机缘来临时，你会找到自己的人生使命，画出一条美丽的曲线。

在功课上要尽力，但不要给自己太多压力。你妈妈和我在成绩上对你没什么要求，只要你能顺利毕业并在这四年里学到了些东西，我们就会很高兴了。即便你毕业时没有获得优异的成绩，你的哥伦比亚学位也将带你走得很远，所以别给自己压力。在你高中生活的最后几个月，因为压力比较小，大学申请也结束了，你过得很开心，但是在最近的几个星期，你好像开始紧张起来。（你注意到你紧张时会咬指甲吗？）千万别担心，最重要的是你有在学习，你需要的唯一衡量是你的努力程度。成绩只不过是虚荣的人用以吹嘘和慵懒的人所恐惧的无聊数字而已，而你既不虚荣也不慵懒。

最重要的是在大学里你要交一些朋友，快乐生活。大学的朋友往往是生命中最好的朋友，因为在大学里你和朋友能够近距离交往。另外，在一块儿成长，一起独立，很自然地你们就会紧紧地系在一起，成为密友。你应该挑选一些真诚诚恳的朋友，跟他们亲近，别在乎他们的爱好、成绩、外表甚至性格。你在高中的最后两年已经交到了一些真正的朋友，所以尽可以相信自己的直觉，再交一些新朋友吧。你是一个真诚的人，任何人都会喜欢跟你做朋友的，所以要自信、外向、主动一点，如果你喜欢某人，就告诉她，就算她拒绝了，你也没有损失什么。以最大的善意去对人，不要有成见，要宽容。人无完人，只要他们很真诚，就信任他们，对他们友善。他们将给你相同的回报，这是我成功的秘密——我以诚待人，信任他人（除非他们做了失信于我的事）。有人告诉这样有时我会被占便宜，他们是对的，但是我可以告诉你：以诚待人让我得到的远远超过我失去的。在我做管理的18年里，我学到一件很重要的事——要想得到他人的信任和尊重，只有先去信任和尊重他人。无论是管理、工作、交友，这点都值得你参考。

要和你高中时代的朋友保持联系，但是不要用他们来取代大学的友谊，也不要把全部的时间都花在老朋友身上，因为那样你就会失去交新朋友的机会了。

你还要早点开始规划你的暑假——你想做什么？你想待在哪儿？你想学点什么？你在大学里学习是否会让你有新的打算？我觉得你学习艺术设计的计划很不错，你应该想好你该去哪儿学习相应的课程。我们当然希望你回到北京，但是最终的决定是你的。

不管是暑假计划、功课规划，抑或是选专业、管理时间，你都应该负责你的人生。过去不管是申请学校、设计课外活动或者选择最初的课程，我都从旁帮助了你不少。以后，我仍然会一直站你身旁，但是现在是你自己掌舵的时候了。我常常记起我生命中那些令人振奋的时刻——在幼儿园决定跳级，决定转到计算机科学专业，决定离开学术界选择 Apple，决定回中国，决定选择 Google，乃至最近选择创办我的新公司。有能力进行选择意味着你会过上自己想要的生活。生命太短暂了，你不能过别人想要你过的生活。掌控自己的生命是很棒的感觉，试试吧，你会爱上它的！

我告诉你妈妈我在写这封信，问她有什么想对你说的，她想了想，说"让她好好照顾自己"，很简单却饱含着真切的关心——这一向是你深爱的妈妈的特点。这短短的一句话，是她想提醒你很多事情，比如要记得自己按时吃药、好好睡觉、保持健康的饮食、适量运动、不舒服的时候要去看医生等。中国有句古语，说"身体发肤，受之父母，不敢毁伤，孝之始也"。这句话的意思用比较新的方法诠释就是说：父母最爱的就是你，所以照顾好自己就是孝顺最好的方法。当你成为母亲的那天，你就会理解这些。在那天之前，听妈妈的，你一定要好好照顾自己。

大学是你自由时间最多的四年。

大学是你第一次学会独立的四年。

大学是可塑性最强的四年。

大学是犯错代价最低的四年。

所以，珍惜你的大学时光吧，好好利用你的空闲时间，成为掌握自己命运的独立思考者，发展自己的多元化才能，大胆地去尝试，通过不断的成功和挑战来学习和成长，成为融汇中西的人才。

当我在 2005 年面对人生最大的挑战时，你给了我大大的拥抱，还跟我说了一句法语"bonne chance"。这句话代表"祝你勇敢，祝你好运！"现在，我也想跟你说同样的话，bonne chance，我的天使和公主，希望哥伦比亚成为你一生中最快乐的四年，希望你成为你梦想成为的人！

爱你的爸爸妈妈

思 考

1. 李开复先生在给女儿的信中告诉女儿大学最重要的意义是什么？

2. 同学们，你们的学习生涯的意义是什么？

当同学们通过学习生涯锻炼了自己的能力，才能够承担将来应该承担的职业责任。

但每位同学都有属于自己的能量特质与能力特长，同学们可以根据自己的能力特长，进行有目标的锻炼，扬长避短，发挥自己的优势能力。每一个人都是独一无二的个体。相信自己，天生我材必有用。只要有方法、有能力、有承担，将来一定可以在职场中发挥属于自己的力量。

第一节　培养方法能力

自我测试

测试一　专业能力测试

1. 上课时，仅需要认真学习课本知识即可，不需要注意涉及的工作方法，这种看法是否正确，说明理由。

2. 结合自己所学专业，向专业教师求助，你所学习的专业需要哪些专业技能？并将需要具备的专业技能填写好。结合自己的实际情况，查找发现自己缺少的专业能力。

测试二　方法能力测试

请按实际情况，用"是"、"不一定"或"否"回答下列题目：

1. 学习除了书本还是书本吗？
2. 你对书本的观点、内容从来不加怀疑和批评吗？
3. 除了小说等一些有趣的书外，你对其他理论书根本不看吗？
4. 你读书从来不做任何笔记吗？
5. 除了学会运用公式定理，你还知道它们是如何推导的吗？
6. 你认为课堂上的基础知识没啥好学，只有看高深的大部头著作才过瘾吗？
7. 你能够经常使用各种工具书吗？
8. 上课或自学时你都能聚精会神吗？
9. 你能够见缝插针，利用点滴时间学习吗？
10. 你常找同学争论学习上的问题吗？

记分规则：

第1、2、3、4、6题回答"否"表示正确，其他问题回答"是"表示正确。正确的给10分，错误的不给分。回答"不一定"的题目都给5分。最后计算总分。

分数说明：

总分85分以上，学习方法很好。总分65~80分，学习方法好。总分45~60分，学习方法一般。总分40分以下，学习方法较差。

学习方法不当的表现：

（一）学习无计划。"凡事预则立，不预则废。"学习计划是实现学习目标的保证。但有些学生对自己的学习毫无计划，整天忙于被动应付作业和考试，缺乏主动的安排。因此，看什么、做什么、学什么都心中无数。他们总是考虑"老师要我做什么"，而不是"我要做什么"。

（二）不会科学利用时间。时间对每个人都是公平的。有的学生能在有限的时间内，把自己的学习、生活安排得从从容容。而有的学生虽然忙忙碌碌，经常加班加点，但忙不到点子上，实际效果不佳。有的学生不善于挤时间，他们经常抱怨："每天上课、回家、吃饭、做作业、睡觉，哪还有多余的时间供自己安排？"还有的学生平时松松垮垮，临到考试手忙脚乱。这些现象都是不会科学利用时间的反映。

（三）不求甚解，死记硬背。死记硬背指不假思索地重复，多次重复直到大脑中留下印象为止。它不需要理解，不讲究记忆方法和技巧，是最低形式的学习。它常常使记忆内容相互混淆，而且不能长久记忆。当学习内容没有条理，或学生不愿意花时间去分析学习内容的条理和意义时，学生往往会采用死记硬背的方法。依赖这种方法的学生会说："谢天谢地，考试总算结束了。现在我可以把那些东西忘得一干二净了。"

（四）不能形成知识结构。知识结构是知识体系在学生头脑中的内化反映，也就是指知识经过学生输入、加工、储存过程而在头脑中形成的有序的组织状态。构建一定的知识结构在学习中是很重要的。如果没有合理的知识结构，再多的知识也只能成为一盘散沙，无法发挥出它们应有的功效。有的学生单元测验成绩很好，可一到综合考试就不行了，其原因也往往在于他们没有掌握知识间的联系，没有形成相应的知识结构。这种学生对所学内容与学科之间，对各章节之间不及时总结归纳整理，致使知识基本上处于"游离状态"。这种零散的知识很容易遗忘，也很容易张冠李戴。

（五）不会听课。这主要表现在：课前不预习，对上课内容完全陌生，无法带着疑问去学，听课时开小差不记笔记，或充当录音机的角色，把老师所讲的一字不漏地记录下来；只让自己的记录与教师的讲述保持同步，而不让自己的思路与教师保持同步；课后不及时复习，听完课就万事大吉，等等。

（六）不会阅读。这主要表现在：不善于选择阅读书目，完全凭个人兴趣或完全听从老师父母的安排；没有阅读重点，处理不好"博"与"精"的关系，要么广种薄收，要么精读于一而漏万；阅读速度慢，不会快速阅读，也不会略读，任何情况下都逐字逐句；不善于带着问题去读，阅读之后没有什么收获。

（七）抓不住重点和难点。学习方法不当的学生，在看书和听课时，不善于寻找重点和难点，找不到学习上的突破口，眉毛胡子一把抓，全面出击，结果分散和浪费了时间与精力。

（八）理论与实际脱离。理论知识与实际操作相结合是非常重要而有效的学习方法，所谓"学而必习，习又必行"。而方法不当的学生往往只满足于学习书本上的知识，不善于在实践中学习、在实践中运用，不能用所学知识解决实际问题。具体表现为动手能力差，不喜欢上实验课和操作课，不关心现实生活，"两耳不闻窗外事，一心只读圣贤书"。

（九）不善于科学用脑。这主要表现在：学习时不注意劳逸结合，不善于转移大脑兴奋中心，使大脑终日昏昏沉沉，影响学习效率。

学习方法不当的成因：

（一）对学习方法的重要性认识不足。

（二）对学习特点认识不足。

（三）对自身的状况和条件认识不足。

（四）学习动机缺乏。

（五）意志薄弱。

（六）缺乏指导与训练。

以上原因分析是从学生个体出发的，是造成学习方法不当的内因。除此之外，还有来自教师、家长、同学等各方面的外因都对学习方法的形成产生影响，也都是造成学习方法不当的可能原因。

测试三　综合能力测试

一、观察力测试

1. 观察细致性测试（每题2分，共6分）

(1) 说出下面各图中少了什么东西，并把缺少的部分画出来。

(2) 说出下面图画画的是什么？各处于什么状态？

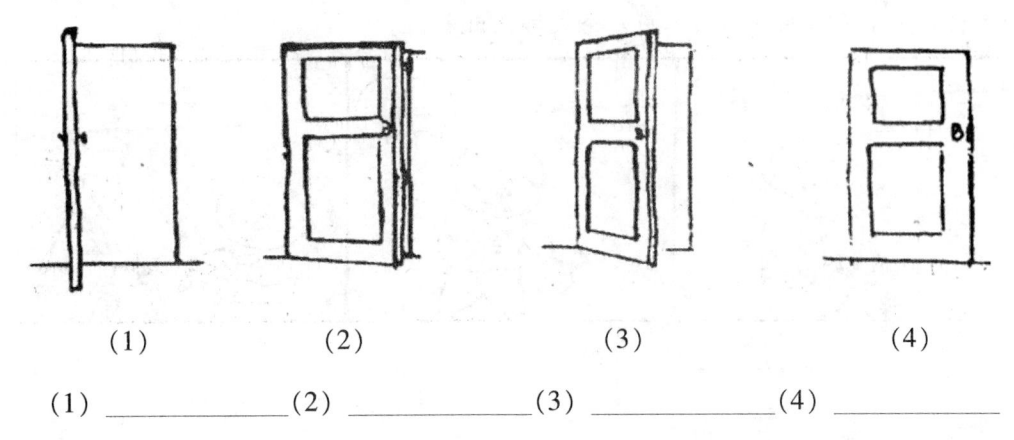

　　(1)　　　　　　(2)　　　　　　(3)　　　　　　(4)

(1)_____ (2)_____ (3)_____ (4)_____

(3) 下面面孔有一张很特别，与谁都不相同，你能指出来吗？请在图上打钩。

2. 观察概括性测试（每题 2 分，共 4 分）

(1) 把下面两幅画的内容用一个成语写下来。

(2) 把下面三幅画的内容用一个成语说出来。

(1) _____ (2) _____

二、空间想象能力测试

指导语：本测验测试空间想象能力，分三部分。

（一）在空格上写出每个物体各有几个方面。为了使你能更好地理解解题，请先看例题。

例：以下的物体A一共有6个面，所以在虚线上写6。下边的物体B有一个项，3个地面、4个外平面和2个内平面，共10个面，所以在空格中写上10。

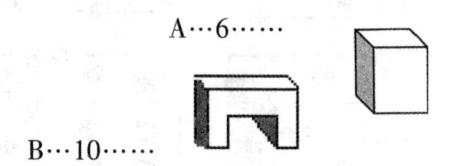

A…6……

B…10……

题目：仔细研究下列图形，你觉得有把握回答时再做题。时间2分钟。

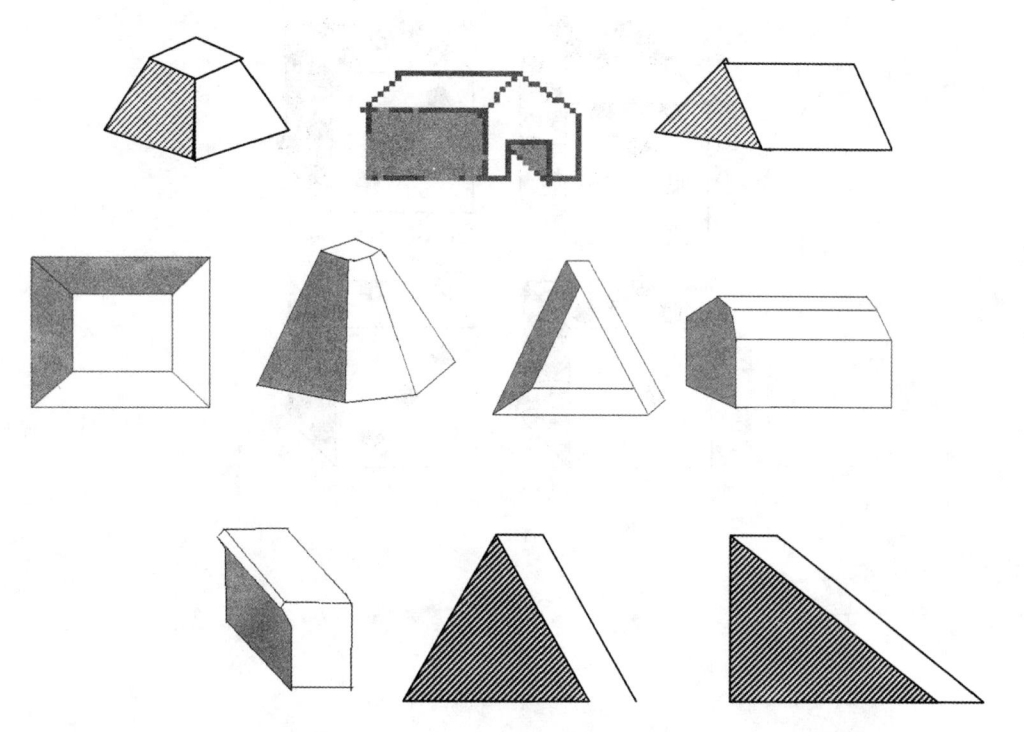

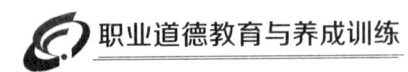

（二）仔细观察下列各对骰子。按骰子的点所标示的范围来判断一对骰子中的第一个能够转成第二个所处的方位。如果能，请在"是"上画圈；如果不能请在"否"上画圈。

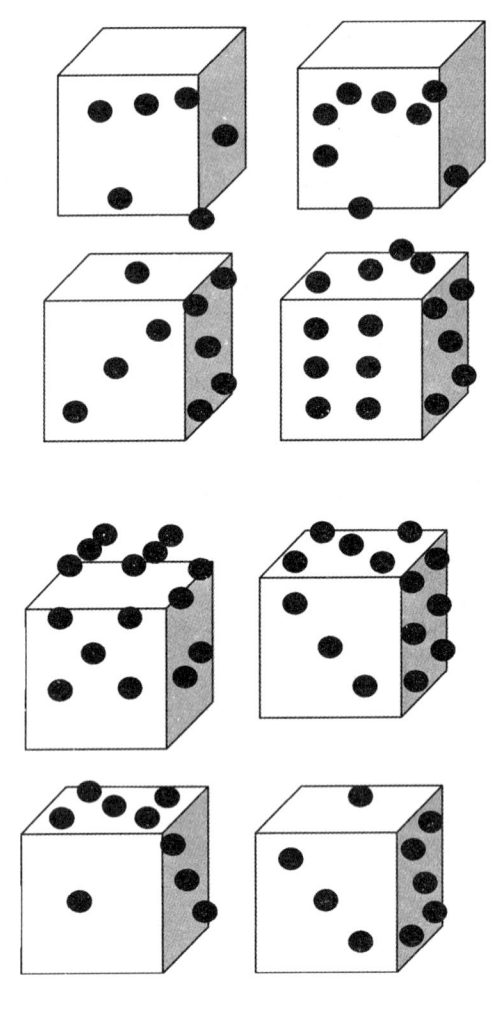

(三) 下列各行图像的第一个都是一个立体物体，找出各行图像中是第一个图像处于不同方位下的相同的物体，并将物体图像的编号画上圈；如果某行中没有与第一个图像相同的物体，请将"没有"画上圈。

三、创造力测试

下面是美国普林斯顿创造才能研究中心的心理学家尤金·方得赛编制的一套以创造性个性为指标的创造力测试题。该问卷共计50题，要求10分钟回答。答题时，只要求在每一句话后面用一个字母表示你同意或不同意：同意用A，不同意用C，拿不准或不知道用B。回答必须忠实、准确，不要猜测。注意在完成测试之前不要看后面的答案，以便测试出真实的自己。

1. 我不做盲目的事，也就是我总是有的放矢，用正确的步骤来解决每一个具体问题。（　　）
2. 我认为只提出问题而不想获得答案，无疑是浪费时间。（　　）
3. 无论什么事情，要我发生兴趣，总比别人困难。（　　）
4. 我认为，合乎逻辑的循序渐进的方法，是解决问题的最好方法。（　　）
5. 有时我在小组里发表的意见，似乎使一些人感到厌烦。（　　）
6. 我花大量时间来考虑别人是怎样看待我的。（　　）
7. 做自己认为正确的事情，比力求博得别人的赞同要重要得多。（　　）
8. 我不尊重那些做事似乎没有把握的人。（　　）
9. 我需要的刺激和兴趣比别人多。（　　）
10. 我知道如何在考验面前保持自己的内心镇静。（　　）
11. 我能坚持很长一段时间解决难题。（　　）
12. 有时我对于事情过于热心。（　　）
13. 在特别无事可做时，我倒常常想出好主意。（　　）
14. 在解决问题时，我常常但凭直觉来判断"正确"或"错误"。（　　）
15. 在解决问题时，我分析问题较快，而综合所收集的资料较慢。（　　）
16. 有时我打破常规去做我原来并未想到要做的事。（　　）
17. 我有收集东西的癖好。（　　）
18. 幻想促进了我许多重要计划的提出。（　　）
19. 我喜欢客观而又有理性的人。（　　）
20. 如果我在本职工作之外的两种职业中选一种，我宁愿当一个实际工作者，而不当探索者。（　　）
21. 我能与自己的同事或同行们很好地相处。（　　）
22. 我有较高的审美感。（　　）
23. 在我的一生中，我一直在追求着名利和地位。（　　）
24. 我喜欢坚信自己结论的人。（　　）
25. 灵感与获得成功无关。（　　）

26. 争论时，使人最感到高兴的是，原来与我观点不一的人变成了我的朋友，即使牺牲我原先的观点也在所不惜。（　　）

27. 我更大的兴趣在于提出新的建议，而不在于设法说服别人接受这些建议。（　　）

28. 我乐意独自一人整天"深思熟虑"。（　　）

29. 我往往避免做那些使我感到低下的工作。（　　）

30. 在评价资料时，我觉得资料的来源比其内容更为重要。（　　）

31. 我不满意那些不确定和不可预言的事。（　　）

32. 我喜欢一门心思苦干的人。（　　）

33. 一个人的自尊比得到他人敬慕更为重要。（　　）

34. 我觉得那些力求完美的人是不明智的。（　　）

35. 我宁愿和大家一起努力工作，而不愿单独工作。（　　）

36. 我喜欢那种对别人产生影响的工作。（　　）

37. 在生活中，我经常碰到不能用"正确"或"错误"来加以判断的问题。（　　）

38. 对我来说，"各得其所"、"各居其位"是很重要的。（　　）

39. 那些使用古怪和不常用词语的作家，纯粹为了炫耀自己。（　　）

40. 许多人之所以感到苦恼，是因为他们把事情看得太认真了。（　　）

41. 即时遭到不幸、挫折与反对，我仍然能够对我的工作保持原来的精神状态和热情。（　　）

42. 想入非非的人是不切实际的。（　　）

43. 我对"我不知道的事"比"我知道的事"印象更深刻。（　　）

44. 我对"这可能是什么"比"这是什么"更感兴趣。（　　）

45. 我经常为自己在无意之中说话伤人而闷闷不乐。（　　）

46. 即时没有报答，我也乐意为新颖的想法而花费大量时间。（　　）

47. 我认为"出主意没有什么了不起"这种说法是中肯的。（　　）

48. 我不喜欢提出那种显得无知的问题。（　　）

49. 一旦任务在肩，即使受到挫折，我也要坚决完成。（　　）

50. 从下面描述人物性格的形容词中，挑选出10个你认为最能说明你性格的词。

精神饱满的　有说服力的　实事求是的　虚心的　观察力敏锐的　创新的　束手束脚的　足智多谋的　自高自大的　有主见的　有献身精神的　有独创性的　性急的　高效的　乐于助人的　坚强的　老练的　有克制力的　热情的　时髦的　自信的　不屈不挠的　有远见的　机灵的　好奇的　有组织能力的　铁石心肠的　思路清晰的　柔顺的　可预言的　拘泥形式的　不拘礼节的　有理解力的　有朝气的　严于律己的　精干的　讲

实惠的　感觉敏锐的　无畏的　严格的　一丝不苟的　谦逊的　复杂的　漫不经心的　渴求知识的　实干的　好交际的　善良的　孤独的　不满足的　易动感情的

我所选择的答案是：

1. _____　2. _____　3. _____　4. _____　5. _____
6. _____　7. _____　8. _____　9. _____　10. _____

四、记忆力测试

1. 下面列出 3 组数字，每组 12 个。这是对你的记忆的测试，你可任选一组数字，在 1 分钟内读完（平均每 5 秒钟读一个数），然后把记住的数字写出来（可以颠倒位置）。记录你正确记住的数字的个数。根据记住的多少，可以评定你的机械记忆力。

73、49、64、83、41、27、62、29、38、93、74、97
57、29、32、47、94、86、14、67、75、28、79、24
36、45、73、29、87、28、43、62、75、59、93、67

2. 下面编排了 100 个数字，请你在这些数字中按顺序找出 15 个连续数字，例如 2~16 或 61~75 等。记录你找到这些数字所花的时间，根据这个时间，可以了解你在集中注意力时的记忆程度如何。

12	33	40	97	94	57	22	19	49	60
27	98	79	8	70	13	61	6	80	99
5	41	95	14	76	81	59	48	93	28
20	96	34	62	50	3	68	16	78	39
86	7	42	11	82	85	38	87	24	47
63	32	77	51	71	21	52	4	9	69
35	58	18	43	26	75	30	67	46	88
17	64	53	1	72	15	54	10	37	23
83	73	84	90	44	89	66	97	74	92
25	36	55	65	31	0	45	29	56	2

五、注意力测试

对下列自测题，符合自己情况的在括号内画"√"，反之画"×"。

1. 上课听讲时，常常走神，心不在焉。（   ）
2. 星期天忙这忙那，什么都想干似地度过一天。（   ）
3. 想干的事情好多，却不能静下心来认真做其中一件，结果什么事都没有做好。（   ）
4. 做语文作业时，就急着想做数学作业，恨不得一下把作业做完。（   ）
5. 担心第二天上学迟到，有时整晚睡觉不踏实。（   ）
6. 总觉得上课时间过得太慢。（   ）
7. 做作业时，常走神，想起作业以外的事情。（   ）
8. 始终忘记不了前几天被老师批评的情景。（   ）
9. 在看书学习时，很在意周围的声音，对周围的声音听得特别清楚。（   ）
10. 读书静不下心来，不能持续30分钟以上。（   ）
11. 一件事干得太久，就会很不耐烦，急切地希望快点结束。（   ）
12. 对刚看完的漫画书会重新看好几遍。（   ）
13. 在等同学时，觉得时间长的特别难熬。（   ）
14. 和朋友聊天时，有时会无缘无故地说其他无关的事。（   ）
15. 学校集会时间稍长一点，就会不耐烦，哈欠连天，也不知道主持人说什么。（   ）

六、意志力测试

试题共26道。每道试题你可按下列情况作出判断。

A.很符合自己的情况；B.比较符合自己的情况；C.介于符合与不符合之间；D.不大符合自己的情况；E.很不符合自己的情况。

1. 我很喜爱长跑、远足、爬山等体育运动，但并不是因为我的身体条件适合这些项目，而是因为这些运动能够锻炼我的体质和毅力。
2. 我给自己订的计划，常常因为主观原因不能如期完成。
3. 如没有特殊原因，我每天都按时起床，从不睡懒觉。
4. 我的作息没有什么规律性，经常随自己的情绪和兴致而变化。
5. 我信奉"凡事不干则已，干则必成"的格言并身体力行。
6. 我认为做事情不必太认真，做得成就做，做不成便罢。
7. 我做一件事情的积极性主要取决于这件事的重要性，即：该不该做；而不在于做这件事的兴趣，即不在于想不想做。

103

8. 有时我躺在床上，下决心第二天要干一件重要事情，但到第二天这种劲头又消失了。

9. 当学习和娱乐发生冲突的时候，即使这种娱乐很有吸引力，我也会马上决定去学习。

10. 我常因读一本引人入胜的小说或看一出精彩的电视节目，而不能按时入睡。

11. 我下决心办成的事情（如练长跑），不论遇到什么困难（如腰酸腿疼），都坚持下去。

12. 我在学习和工作中遇到了困难，首先想到的就是问问别人有什么办法。

13. 我能长时间做一件重要而枯燥无味的工作。

14. 我的兴趣多变，做事情常常是"这山望见那山高"。

15. 我决定做一件事时，常常说干就干，决不拖延或让它落空。

16. 我办事喜欢拣容易的先做，难的能拖则拖，实在不能拖时，就赶时间做完算数，所以别人不大放心让我干难度大的工作。

17. 对于别人的意见，我从不盲从，总喜欢分析、鉴别一下。

18. 凡是比我能干的人，我不怀疑他们的看法。

19. 遇事我喜欢自己拿主意，当然也不排斥听取别人的建议。

20. 生活中遇到复杂情况时，我常常举棋不定，拿不了主意。

21. 我不怕做我从来没有做过的事情，也不怕一个人独立负责重要的工作，我认为这是对自己很好的锻炼。

22. 我生来胆怯，没有十二分把握的事情，我从来不敢去做。

23. 我和同事、朋友、家人相处，很有克制能力，从不无缘无故发脾气。

24. 在和别人争吵时，我有时虽明知自己不对，却忍不住要说一些过头话，甚至骂对方几句。

25. 我希望做一个坚强的、有毅力的人，因为我深信"有志者事竟成"。

26. 我相信机遇，很多事实证明，机遇的作用有时大大超过个人的努力。

七、学习兴趣测试

下面共40测试题，请根据你的情况做答，每题设有五个选项，请把选项填入题后的答卷中：A.非常喜欢　B.比较喜欢　C.拿不准　D.比较不喜欢　E.非常不喜欢

1. 喜欢阅读天文方面的书籍，喜欢和他人一起谈论天文知识。　【A B C D E】

2. 喜欢看小说。　【A B C D E】

3. 模范教师的事迹常使你感动。　【A B C D E】

4. 关心股市市场的变化。　【A B C D E】

5. 对法律知识感兴趣，经常阅读此类书籍。　【A B C D E】

6. 读历史方面的书籍。 【A B C D E】
7. 乐于给同学讲题。 【A B C D E】
8. 能主动维持班里学习和生活的正常秩序。 【A B C D E】
9. 关心市场价格波动。 【A B C D E】
10. 思考人生观、世界观问题。 【A B C D E】
11. 愿意给孩子讲故事、读书、带他们玩。 【A B C D E】
12. 对犯罪、家庭纠纷、民事诉讼等报道感兴趣。 【A B C D E】
13. 对财务、税收、银行等知识感兴趣。 【A B C D E】
14. 热衷于学校和班里的黑板报工作。 【A B C D E】
15. 看教育学、心理学书籍。 【A B C D E】
16. 协助民警、公安人员维持社会治安。 【A B C D E】
17. 对自己的钱、物处理得当。 【A B C D E】
18. 尝试写些故事和诗歌。 【A B C D E】
19. 读书给病人听。 【A B C D E】
20. 羡慕律师和法学工作者的工作。 【A B C D E】
21. 思考新产品如何推销。 【A B C D E】
22. 归纳采访通讯。 【A B C D E】
23. 耐心辅导同学或小孩功课。 【A B C D E】
24. 参加辩论会。 【A B C D E】
25. 阅读有关技术方面的科普读物。 【A B C D E】
26. 看农学植物和动物学方面的书。 【A B C D E】
27. 看到报纸上有介绍医生生活或工作的文章，就想好好读一读。
 【A B C D E】
28. 上物理课。 【A B C D E】
29. 了解现代技术方面的新成就。 【A B C D E】
30. 经常观察花草树木和各种庄稼。 【A B C D E】
31. 参加建筑工地。 【A B C D E】
32. 想了解关于疾病的起因、治疗和病人护理方面的知识。 【A B C D E】
33. 羡慕用动物做实验的生物学家们。 【A B C D E】
34. 想学会包扎和抢救伤员。 【A B C D E】
35. 收集森林中的生物标本。 【A B C D E】
36. 一上化学实验课就特别感兴趣。 【A B C D E】
37. 对修理放音盒、汽车、微机感兴趣。 【A B C D E】
38. 能说出一些农作物生长期的特点。 【A B C D E】

39. 栽培树木并精心管理。   【A B C D E】
40. 爱解复杂的数学难题。   【A B C D E】

学生综合能力测试答案

一、观察力测试答案

1. (1) 鸡脚、袖口、伞把、鞋边、车轮、椅腿、背带、蟹眼、兔耳。
   (2) 全开、微开、半开、关闭。
   (3) 第三排第三列
2. (1) 尊老爱幼；(2) 拾金不昧。

评分标准：8~10分：观察力强；6~8分：观察力一般；3~6分：观察力较弱；0~3分：观察力弱。

二、空间想象力测试答案

第一部分各题的答案分别是：1，6）；2，5）；3，8）；4，7）；5，5）；6，11）；7，6）；8，6）；9，8）；10，5）。该部分每做对一题得2分。

第二部分各题的答案分别是：1—否，2—是，3—否，4—否，5—是。本部分每做对一题得5分。

第三部分各题的答案分别是：A—3，B—4，C—4，D—没有，E—3。先将你三个部分的得分相加，然后用这个部分减去第二部分中答错的题数（不是分数），其结果是你的成绩。如果你得分为48~60分，你的空间想象力相当优秀；如果得分为41~47分，空间想象力良好；得分在34~40分空间想象力一般；如果你得分在0~33分，那空间想象力就不太好。

三、创造力测试答案

注意：以下评分标准在完成测试前请不要阅读。评分标准（1~49）：

题号	A	B	C	题号	A	B	C	题号	A	B	C
1	0	1	2	18	3	0	−1	35	0	1	2
2	0	1	2	19	0	1	2	36	1	2	3
3	4	1	0	20	0	1	2	37	2	1	0
4	−2	0	3	21	0	1	2	38	0	1	2
5	2	1	0	22	3	0	−1	39	−1	0	2
6	−1	0	3	23	0	1	2	40	−1	0	2
7	3	0	−1	24	−1	0	2	41	3	1	0
8	0	1	2	25	0	1	3	42	−1	0	2
9	3	0	−1	26	−1	0	2	43	2	1	0
10	1	0	3	27	2	1	0	44	2	1	0
11	4	1	0	28	2	0	−1	45	−1	0	2
12	3	0	−1	29	0	1	2	46	3	1	0
13	2	1	0	30	−2	0	1	47	0	1	2
14	4	0	−2	31	0	1	2	48	3	1	0
15	1	0	2	32	0	1	2	49	3	1	0
16	2	1	0	33	3	0	−1				
17	0	1	2	34	−1	0	−2				

1~49 题合计的得分是：_____分

评分标准（50 分）：

下面每个形容词得 2 分：

精神饱满的　观察力敏锐的　不屈不挠的　柔顺的　足智多谋的　有主见的　有奉献精神的　有独创性的　感觉灵敏的　无畏的　创新的　好奇的　有朝气的　热情的　严于律己的

下面每个形容词得 1 分。

自信的　有远见的　不拘礼节的　不满足的　一丝不苟的　虚心的　机灵的　坚强的

其余的词得 0 分。

我 50 题的得分是：_____分

我 1~50 题的总分是：_____分

将得分累计起来，分数在 110~140 分者为创造性非凡的人；85~109 分者为创造力很强的人；56~84 分者为创造性强的人；30~55 分者为创造性一般的人；15~29 分者为创造力弱的人；−21~14 分者为无创造性的人。

四、记忆力测试答案

机械记忆测试评分：正确地记下一行中12个数字，记忆力超优；记下8~9个数字，优等；记住4~7个数字，一般；少于4个，记忆力较差。

集中注意力的记忆程度测试评分：30~40秒钟完成，优等；40~90秒钟完成，一般；2~3分钟完成，较差。

五、注意力测试答案

评估标准："√" 0分，"×" 1分。总分为15分。得分越高，注意力越强。

0~3分，注意力差；4~7分，注意力稍差；8~11分，注意力一般；12~13分，注意力好；14~15分，注意力很好。

六、意志力测试答案

评分原则：在上述26道题中，凡逢单数的试题（1，3，5，7，9……）A、B、C、D、E依次为5、4、3、2、1分。凡逢双数的试题（2，4，6，8，10……）A、B、C、D、E依次为1、2、3、4、5分。

26道试题的总得分，如果在：

110分以上，说明你的意志很坚强；91~110分，说明你的意志较坚强；71~90分，说明你的意志只是一般；51~70分，说明你的意志比较薄弱；50分以下，说明你的意志很薄弱。

七、学习兴趣测试答案

评分标准：总分200分，A、B、C、D、E依次为5、4、3、2、1分。若在160~200之间，为学习兴趣浓厚；若在120~160之间，为学习兴趣一般；若在80~120之间，为学习兴趣欠缺；若在40~80之间，无学习兴趣。

行动锦囊

一、职业能力概述

职业能力（Occupational Ability）是人们从事其职业的多种能力的综合。职业能力测试是通过某些测试来预测下某人的职业定位以及适合的职业类型还有性格之类。一般这属于一种倾向性的测试，故又称之为职业能力倾向性测试。通过职业测试能更好地确定一个人对其从事职业的综合考量。

职业能力可以定义为个体将所学的知识、技能和态度在特定的职业活动或情境中进行类化迁移与整合所形成的能完成一定职业任务的能力。

职业能力主要包含三方面的基本要素：

1. 为了胜任一种具体职业而必须要具备的能力，表现为任职资格

2. 指在步入职场之后表现的职业素质

3. 开始职业生涯之后具备的职业生涯管理能力

例如：一位教师只具有语言表达能力是不够的，还必须具有对教学的组织和管理能力，对教材的理解和使用能力，对教学问题和教学效果的分析、判断能力等，同时要对学生进行积极有效的教育。这才是一个老师的职业能力。

如果说职业兴趣或许能决定一个人的择业方向，以及在该方面所乐于付出努力的程度，那么职业能力则能说明一个人在既定的职业方面是否能够胜任，也能说明一个人在该职业中取得成功的可能性。

二、职业能力的构成

由于职业能力是多种能力的综合，因此，我们可以把职业能力分为一般职业能力、专业能力和综合能力。

1. 一般职业能力

一般职业能力主要是指一般的学习能力、文字和语言运用能力、数学运用能力、空间判断能力、形体知觉能力、颜色分辨能力、手的灵巧度、手眼协调能力等。此外，任何职业岗位的工作都需要与人打交道，因此，人际交往能力、团队协作能力、对环境的适应能力，以及遇到挫折时良好的心理承受能力都是我们在职业活动中不可缺少的能力。

2. 专业能力

专业能力主要是指从事某一职业的专业能力。在求职过程中，招聘方最关注的就是求职者是否具备胜任岗位工作的专业能力。例如：你去应聘教学工作岗位，对方最看重你是否具备最基本的教学能力。

3. 综合职业能力

这里主要介绍国际上普遍注重培养的"关键能力"，主要包括四个方面：

（1）跨职业的专业能力。

从三个方面可以体现出一个人跨职业的专业能力：一是运用数学和测量方法的能力；二是计算机应用能力；三是运用外语解决技术问题和进行交流的能力。

（2）方法能力。

一是信息收集和筛选能力；二是掌握制定工作计划、独立决策和实施的能力；三是具备准确的自我评价能力和接受他人评价的承受力，并能够从成败经历中有效地吸取经验教训。

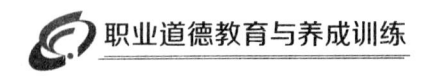

(3) 社会能力。

社会能力主要是指一个人的团队协作能力、人际交往和善于沟通的能力。在工作中能够协同他人共同完成工作，对他人公正宽容，具有准确裁定事物的判断力和自律能力等，这是岗位胜任和在工作中开拓进取的重要条件。

(4) 个人能力。

随着中国经济体制改革的深入、法制的不断健全完善，人的社会责任心和诚信将越来越被重视，假冒伪劣将越来越无藏身之地，一个人的职业道德会越来越受到全社会的尊重和赞赏，爱岗敬业、工作负责、注重细节的职业人格会得到全社会的肯定和推崇。

三、职业能力相关影响

1. 一定的职业能力是胜任某种职业岗位的必要条件

任何一个职业岗位都有相应的岗位职责要求，一定的职业能力则是胜任某种职业岗位的必要条件。因此，求职者在进行择业时，首先要明确自己的能力优势以及胜任某种工作的可能性。条件允许的情况下，可以由专业职业指导人员帮助分析，根据求职者的学历状况、职业资格、职业实践等来确定求职者的职业能力，必要时可以通过心理测试作为参考，在基本确定求职者的职业能力和发展的可能性的基础上帮助求职者进行职业选择。

2. 职业实践和教育培训是职业能力发展的前提

(1) 职业实践促进职业能力的发展。

职业能力是在实践的基础上得到发展和提高的，一个人长期从事某一专业劳动，能促使人的能力向高度专业化发展。例如，计算机文字录入人员随着工作的熟练和经验的积累，录入的速度会越来越快，准确性也会越来越高。个体的职业能力只有在实际工作中才能不断得到发展、提高和强化。

(2) 教育培训促进职业能力的提高。

个体职业能力的提高除了在实践中磨炼和提高之外，另外最有效的途径就是接受教育和培训。像我们所熟悉的职业教育、专科教育、大学本科教育、研究生教育等，学生通过对有关知识和技能的掌握，对以后更好地胜任本职工作会有极大的帮助。

(3) 职业能力、职业发展与职业创造之间的关系。

职业能力是人的发展和创造的基础。职业能力是成功地完成某种任务或胜任工作的必不可少的基本因素，没有能力或能力低下者就难以达到工作岗位的要求，不能胜任。个体的职业能力越强，各种能力越是综合发展，就越能促进人在职业活动中的创造和发展，就越能取得较好的工作绩效和业绩，越能给个人带来职业成就感。

方法指导

一、提升职业能力的方法：加强职业生涯规划

美国生涯理论专家萨珀（D·E·Super）讲："生涯是生活里各种事件的方向，表现个人独特的自我发展形态；是人生自青春期到退休所有有酬给或无酬给职位的综合；生涯发展是以人为中心的"。就很多毕业生而言，与其说是"就业困难"，不如说是"就业迷茫"，不知道自己应该从事什么样的工作。在调查中发现，60%的学生没有"生涯"概念，更不知道自己的优势和劣势，对自己适合做什么，不适合做什么，哪些职位能成功，自己潜能有多大一概不知，到了大学毕业才"临时抱佛脚"，这样的认知局限导致很多学生有就业恐慌表现。

职业生涯的模糊与自身定位的不清晰在一定程度上影响和制约了市场配置的成功率。据国内各大城市举办大型人才交流会统计，多数学生参加人才交流会都有一种"赶集"的感觉，没目标、没准备，全凭运气碰，结果造成了有意向的没信心，有信心的准备不足，学生交流会对接成功率一般为30%。

职业院校作为学生职业生涯规划的第一站，起着至关重要的作用。

首先，要树立正确的职业理想。学生一旦确定自己的理想职业，就会依据职业目标规划自己的学习和实践，并为获得理想的职业积极准备相关事宜。其次，正确进行自我分析和职业分析。自我分析即通过科学认知的方法和手段，对自己的兴趣、气质、性格和能力等进行全面分析，认识自己的优势与特长、劣势与不足。职业分析是指在进行职业生涯规划时，充分考虑职业的区域性、行业性和岗位性等特性，比如职业所在的行业现状和发展前景，职业岗位对求职者要求的自身素质和能力的要求等。最后构建合理的知识结构。要根据职业和社会发展的具体要求，将已有知识科学地重组，构建合理的知识结构，最大限度地发挥知识整体效能。

从具体实施来看，职业能力生涯规划应从入学做起，并根据自己的长期目标，在不同阶段采取不同的行动计划。比如，一年级为试探期，这一时期要初步了解职业，特别是自己未来希望从事的职业或自己所学专业对口的职业；二年级为定向期，要通过参加各种社会活动，锻炼自己的实际工作能力，在课余时间寻求与自己未来职业或本专业有关的工作进行社会实践，以检验自己的知识和技能，并根据个人兴趣与能力修订和调整职业生涯规划设计；三年级为分化期，大部分学生对自己的出路有了明确的目标，要对前面的准备做一个总结：检验已确定的职业目标是否明确，准备是否充分，对存在的问题进行必要修补。

二、提升职业能力的方法：提高社会实践能力

企业在挑选和录用实习生时，同等条件下，往往优先考虑那些参加过社会实践的毕业生，这就需要学生在就业前注重培养自身适应社会和融入社会的能力。

借助社会实践平台，可以提高学生的心理承受能力、人际交往能力和应变能力等。此外，还可以使他们了解到就业环境、政策和形势等，有利于他们找到与自己的知识水平、性格特征和能力素质等相匹配的职业。因此，在不影响专业知识学习的基础上，大胆走向社会、参与包括兼职在内的社会活动是学生提升自身就业能力和尽快适应社会的有效途径。

三、提升职业能力的方法：树立良好的心理素质

近年来，在我们学生身边经常发生一些难以置信的事情。在现实生活中，面对升学的压力和父母的期望，无数孩子承受着巨大的心理压力，却没有受到社会的重视。学生不仅承担着建设祖国的重任，更是社会的中流砥柱，他们的素质体现着一个社会综合素质的高低。而学生在求学期间，只注重专业知识、忽视心理素质的情况，使一些人在面对困惑或逆境时总是表现出一脸的茫然，影响到自己的择业选择。因此，学生在求学过程中应注意提高心理素质，尤其是在日常生活中锻炼自己坚韧不拔的性格；在求职中，充分了解就业信息，沉着、冷静地应对所遇到的困难，用积极的心态扫除成功路上的障碍，直到达到胜利的彼岸。

四、提升职业能力的方法：树立正确的就业观

在就业层面上，毕业生和企业的选择截然不同。毕业生更关注于从知识层面提高自己，认为"提高技能"和"提高职业素质"是最主要的；在企业看来，首要的却是"学生调整就业心态"，"学生提高职业素质"和"提高学生技能"反倒退居其次。因此，为了提高就业率，应当培养良好的择业心态，树立与市场经济相适应的现代就业观。

首先，要主动寻求就业，而不能被动的"等、靠、要"。很多毕业生把希望寄托在社会关系资源上，出现了求职"全家总动员"的现象；一些毕业生则期求依靠学校解决就业问题。主动"推销"自己是一个非常重要的实现就业的途径。

其次，避免盲目追求，正确认识自我。很多学生在就业岗位选择上"眼高手低"，盲目追求就业中的高层次、高薪酬，不愿意长时间待在基层操作岗位上，造成了换工作频繁、升职遭遇瓶颈等问题。缺乏对自己个性特长的正确认识，缺乏对从事职业的匹配性。

五、提高自身工作能力的方法

1. 不断地学习文化知识

不管自身是有文化的还是没有文化的,我们都应该活到老学到老。知识的力量是无穷无尽的,只有通过不断的努力学习才能更加提升自己的能力。空闲的时候多看看书,可以学到很多文化,还可以从中学会一些工作技巧,增长自己的见识和智慧。多看书对工作有很大的帮助。

2. 多和同事沟通和交流

初入公司时,对公司各方面都不是很了解,平时要多和自己的同事沟通交流,这样可以不但可以增加自己对公司的了解,还能更好地处理同事关系,向他们学习工作经验。有些人会认为自己的学历很高,有些人在公司的资历比不上自己就有种高高在上的感觉,不愿意低头向他人学习,这种做法是愚蠢的,这样到头来不但工作起来很困难,而且还学不到任何东西。

3. 学会吃苦耐劳

有些人不喜欢做脏活累活、拈轻怕重,这样只会让你在公司和单位越来越没有立足之地。自己刚进公司没有任何的工作经验,那就应该不怕辛苦,从最底层做起,不管脏活累活都尝试着去做,这不但给你以后的工作提供帮助,还能让自己学会吃苦耐劳,这对于自己以后创业有很大的帮助。

4. 多观察,多思考

在工作当中要学会看,初入这个行业什么也不懂,要多观察其他的同事是怎么做的,多想想别人为什么这么做,要怎样做才做得最好,要经常动脑子想问题,而不是安于现状,这样你不会得到任何人的认可。

5. 多创新,多尝试

不管自己有什么想法都要大胆去尝试,大胆去创新,唯唯诺诺只会让自己的才华得不到施展,哪怕这个创意得不到肯定,但是自己都为之付出努力了,这是在工作当中迈出了一步,也让自己更加自信。

6. 多总结

不管工作大小,在每一次成功和失败中吸取教训,养成总结的习惯,只有总结我们才能看出纰漏,才能从中得到经验,这个对工作非常有帮助,只有不断地创新、不断地总结才能进步,离成功才能越来越近。

7. 要对自己有信心

不管你从事哪一种职业,都必须树立信心。不但自己要有信心,还要对自己从事的职业有信心,那是对自己一种能力的肯定,也是提升工作能力的关键。

应用举例

个人职业生涯规划的"SWOT"分析法

在美国，有一个关于成功的寓言故事，一直被成功人士广泛流传。这个寓言故事讲的是：

森林里的动物们开办了一所学校。学生中有小鸭、小鸟、小松鼠等，学校为它们开设了唱歌、跳舞、跑步、爬山和游泳5个课程。第一天上跑步课，小兔兴奋地在体育场跑了一个来回，并自豪地说："我有能力做好我天生就喜欢做的事！"而看看其他小动物，有撅着嘴的，有沉着脸的。放学后，小兔回到家对妈妈说，这个学校真棒！我太喜欢了。第二天一大早，小兔蹦蹦跳跳来到学校，上课时老师宣布今天上游泳课。只见小鸭兴奋地一下跳进了水里，而天生恐水、不会游泳的小兔傻了眼，其他小动物更没了招。接下来，第三天是唱歌课，……学校里的每一天课程，小动物们总有喜欢和不喜欢的。

这个寓言故事讲了一个通俗的道理，那就是"不能让鸭子去爬树、兔子学游泳"。成功心理学的理论告诉我们，判断一个人是否成功，要看他是否最大限度地发挥了自己的优势。而最大限度地发挥自身的优势，便是一个人职业生涯设计成功的重要依据。

对于学生而言，正处在个体职业生涯的探索阶段，这一阶段对职业的选择及今后职业生涯发展有着十分重要的意义。因此，你在设计自己的职业生涯时全面进行自我分析是非常必要的，完全可以用个人的"SWOT分析法"来实施：S代表strength（优势），W代表weakness（弱势），O代表opportunity（机会），T代表threat（威胁）。

S：清晰地知道自己的优势是什么；

W：弱势是自己的短处，更要清晰地知道；

O：机会分析是关键因素；

T：威胁。

你在进行职业生涯规划时，可以不妨采用这一工具对自己进行一番从里到外的体检。

SWOT分析是检查你的技能、能力、职业、喜好和职业机会的有用工具。如你对自己做个细致的SWOT分析，那么，你会很明了地知道自己的优点和弱点在哪里，并且你会仔细地评估出自己所感兴趣的不同职业道路的机会和威胁所在。

一般来说，设计自己的职业生涯时在进行SWOT分析时，应遵循以下四个步骤：

一、评估自己的优势和劣势

（一）优势分析

在职业生涯设计中，如果你能根据自身长处在选择职业并"顺势而为"地将自己的优势发挥得淋漓尽致，就会事半功倍、如鱼得水；如果你像让兔子学游泳那样选择了与自身爱好、兴趣、特长"背道而驰"的职业，那么，即使以后再勤奋弥补，耗费了九牛二虎之力，也是事倍功半、难以补拙。职业生涯设计的前提是知道自身优势是什么，并将自己的生活、工作和事业发展都建立在这个优势之上。

具体来说，就是要知道：

1. 你学了什么

在几年的学习生活中，你从学校开设的课程中学到了什么有价值的东西，社会实践活动提高和升华了你哪方面的知识和能力。

2. 你曾经做过什么

你在学校期间担任的学生职务，参加过什么社会实践活动，工作经验的积累程度如何等。要提高自己经历的丰富性和突出性，你应该有针对性地选择与职业目标相一致的工作项目，坚持不懈地努力工作，这样才会使自己的经历有说服力。

3. 最成功的是什么

你做过的事情中最成功的是什么？如何成功的？通过分析，可以发现自己的长处，譬如坚强的意志、创新精神，以此作为个人深层次挖掘的动力之源和魅力闪光点，形成职业生涯设计的有力支撑。

（二）劣势分析

同样，你要指出你的劣势和你最不喜欢做的事情。就像前面寓言故事中的小兔子一样，不知道自己的劣势在哪里，就会盲目高兴，会觉得天生能做好许多事情，从而沉浸在自我优势的圈子里，像井底之蛙一样，不知天到底有多大。找到自己的短处，可以努力去改正自己常犯的错误，提高自己的技能，放弃那些对不擅长的技能要求很高的职业。具体来说就是要知道：

1. **性格的弱点**

每个人都有弱点，这是与生俱来且无法避免的。坐下来，跟别人好好聊聊，看看别人眼中的你是什么样子的，与你的自我看法是否一样，指出其中的偏差并借鉴，这将有助于自我提高。

2. **经验或经历中所欠缺的方面**

欠缺并不可怕，怕的是自己还没有认识到或认识到了而一味地不懂装懂。正确的态度是认真对待、善于发现，努力克服和提高。

3. 最失败的是什么

你做过的事情中最失败的是什么？如何失败的？通过分析来避免在以后的职业中再次失败，防止在跌倒的地方再次跌倒。

自我认识一定要全面、客观、深刻，绝不能规避缺点和短处。"当局者迷，旁观者清"，尽量多参考父母、同学、朋友、师长、专业咨询机构等的意见，力争对自我有一个全面的认识。

二、找出你的职业机遇和威胁

（一）机遇分析

环境为每个人提供了活动的空间、发展的条件和成功的机遇。特别是近年来，社会的快速变化，科技的高速发展，市场的竞争加剧，对个人的发展产生了很大的影响。在这种情况下，个人如果能很好地利用外部环境，就会有助于个人发展的成功。否则，就会处处碰壁、寸步难行。

同时，你们也面临各种各样的机遇，比如，经济快速发展为你们提供了发展空间，网络技术的发展使你们能了解更多的信息，出国深造、打工的途径多了，择业的双向选择给了自主选择权等。这都是技校生面对的机遇。有人说，在机会面前有五种人：第一种人创造机会，第二种人寻找机会，第三种人等待机会，第四种人错过机会，第五种人漠视机会。你们如果做不了第一种人，至少也要主动去寻找机会。如果你们不善于创造机会，那你们一定要善于抓住身边的机会，不可让机会从指尖流走。

（二）挑战（威胁）分析

除了机遇，在这个社会中，你们也会面对各种各样的挑战和威胁。这是你们无法控制的外部因素，但是你们却可以通过这些因素来弱化它的影响。这些因素包括：就业还处于买方市场形势、所学专业过时或不符合社会的需要、来自同学的竞争、面对有更优的技能和更丰富的知识及更多的实践经验竞争者、公司不雇佣你这个专业的人等。这都是你可能遇到的挑战。

对于这些挑战，你们不能采取一味的回避的态度，或者自怨自艾，抱怨就更不好了，因为你们不能让社会适应你，只能改变自己，提高自己适应社会的能力，通过努力把挑战转化为一种内在的动力。这样，你们才能避免不利的影响，在困境中脱颖而出，寻求发展和成功。

三、提纲式地列出今后你的职业目标

仔细地对自己做一个"SWOT分析"评估，列出你从离校实习或毕业后最想实现的四至五个职业目标。这些目标可以包括：你想从事哪一种职业，你将管理多少人，或者你希望自己拿到的薪水属哪一级别。请时刻记住：你必须竭尽所能地发挥出自己的优势，使之与行业提供的工作机会完满匹配。

四、提纲式地列出一份今后的职业行动计划

这一步主要涉及一些具体的东西。请你拟出一份实现上述第三步列出的每一目标的行动计划，并且详细地说明为了实现每一目标，你要做的每一件事，何时完成这些事。

如果你觉得需要一些外界帮助，请说明你需要何种帮助和你如何获取这种帮助。

举个例子，你的个人SWOT分析可能表明，为了实现你理想中的职业目标，你需要进修更多的专业或管理课程，那么，你的职业行动计划应说明你何时进修这些课程。你拟订的详尽的行动计划将帮助你作决策，就像公司事先制定的计划为职业经理们行动指南一样。

诚然，做此类个人SWOT分析会占用你的时间，而且还需认真地对待，但是，详尽的个人SWOT分析却是值得的，因为当你做完详尽的个人SWOT分析后，你将有一个连贯的、实际可行的个人职业策略供你参考。在当今竞争白热化的市场经济社会里，拥有一份挑战和乐趣并存、薪酬丰厚的职业是每一个人的梦想，但并不是每一个人都能实现这一梦想。因此，为了使你的求职和个人职业发展更具有竞争性，请花一些时间界定你的个人优势和弱势，然后制定一份策略性的行动计划，务必保证有效地完成它，那么，你的前景将灿烂而辉煌！

备注：做了SWOT分析之后，重要的是要做一个为未来新进领域的打算和安排是最为关键的，因为准备是为了更快的成功。

自我完善

根据行动锦囊与方法指导，结合职业自测，你的职业能力还有哪些优势可以发挥，还有哪些能力需要完善：

发挥优势

1.

2.

3.

完善能力

1.

2.

3.

第二节　承担职业责任

自我测试

测试一　测测你的责任感

请对下列题目做出"是"或"否"的回答。回答"是"得1分,"否"得0分。将各题得分相加,算出你的总分。

1. 你认为自己可靠吗?
2. 外出旅行,找不到垃圾桶时,你会把垃圾带回家吗?
3. "既然决定做一件事,就要把它做好。"你相信这句话吗?
4. 在上学时代,你经常拖延交作业吗?
5. 考试没有考好时,你会为自己找个充分的借口吗?
6. 对于自己不愿意做的事,你会千方百计地逃脱吗?
7. 与人相约,你从来不会耽误,即使自己生病时也不例外吗?
8. 与人约会,你会准时赴约吗?
9. 你有要事第一的做事习惯吗?
10. 收到别人的信后,你总会在一两天内就回信吗?
11. 小时候,你经常帮忙做家务吗?
12. 碰到困难的事情,你会知难而进或者一推再推吗?
13. 自己犯了错,你会把责任推脱到别人的身上吗?
14. 遇到麻烦时,你会想方设法为自己开脱责任吗?
15. 你会因未雨绸缪而储蓄吗?

答案:

在10~15分之间,则说明你是个非常有责任感的人,为人可靠,并且相当诚实。

在3~9分之间,则说明你在大多数情况下,还是很有责任感,只是偶尔有些逃避。

总分在2分以下,则说明你是一个完全不负责的人,你会一次又一次地逃避责任。

测试二　对影响责任感因素的测试

1. 工作中处理事情的态度

A. 一次只处理一件事情 B. 同时处理多件事情 C. 以一件事为主，同时兼顾其他 D. 多多益善。

宝洁公司的标准答案是A，即一次只做一件事情。理由是专注于一件事，效率和质量都有保障。所以同时做超过一件事，看上去效率高，实际上可能需要返工或做修补工作，从一个长期来看，不如一次只做一件事的效率高，质量有保障。宝洁内部对经理人员分派任务时就是遵循这个原则，一项任务做完了，汇报完了才会安排下一任务。这个答案是宝洁招聘员工的题目，答对了只说明你具备了宝洁要求的某一素质，答错了也不说明任何问题，因为不同的行业和业务对人的要求不同。

2. 事业心与工作态度

假如今日是你第一天上班，请你想想，下边哪一样你一定要随身携带？从第一日上班必定要带的物件，可以看到你的事业心和工作态度。

选项：A.纸巾/毛巾 B.化妆品 C.笔记簿/电子秘书（快译通）D.工作证/身份证

答案解析：

A. 你这个人没有野心，属于默默耕耘不问升职只求加薪的类型。你的工作态度非常好，只要肯钻研的话一定会得到上司的赏识。

B. 你好出风头，就算集体努力的成果你都会争功。提醒你，千万不要"为达目的不择手段"，要在事业上有所成就，良好的人缘是必须的。

C. 你的事业心非常强，目标未达到你不会轻言放弃。因为你的自尊心强，而且对自己要求高，所以造成沉重心理压力。得闲的时候，多去旅行玩玩，轻松一下。

D. 你的优点就是爱钻研，而且懂得人情世故，处事圆滑的你经常扮演和事佬角色，帮助调解公司内大大小小的争执。

3. 船上粮食没了，已经又饥又渴好几天了，想找些果实充饥，你会选择？

A. 香甜可口的大西瓜 B. 营养美味的青苹果 C. 畅快解渴的椰子水

答案解析：选A的人容易得过且过，对工作不积极，也较难有升迁的机会。选B的人工作上喜欢挑事情做，避重就轻，有投机型取巧的倾向。选C的人工作态度认真，若能多点专业，铁定更上层楼！

你的工作态度是否及格呢？

4. 你最近工作状况好吗？

曾有科学家分析，一般人的专心程度是和成功成正比的，所以工作的时候努力工作，玩的时候轻松去玩，这应该是最好的人生座右铭。现在就以一个简单的问题，来测试一下你的工作态度：许久没有背上钓竿了，今天如果正巧有伙伴一同去钓鱼，你会选择何处？

A. 海岸边　　B. 山谷的小溪　　C. 坐船出海去　　D. 人工鱼池

答案解析：

A. 你是个讲究投资回报率的人，会以最少的资本追求最高的利润，很有生意眼光，所以你会到海岸边去钓躲在岩缝里的小鱼，虽然体积不大，但是数量却很多。

B. 你对工作企划有一套，眼光远大，能安排好一个月以后的行程，只可惜你做事太保守，缺乏冲劲，不能专一地投入，不然你为何贪恋山谷的美景，而不把全部心神投注在钓鱼上。

C. 工作狂热症的代表，就像追求坐船时乘风破浪的快感一样，你是一股劲儿地拼命，也就是说，拼命起来没大脑，你只能听指令行事，但是绝对不能让你规划，因为你会急出脑溢血。

D. 你只打有把握的仗，十足的现代人，有自信，会推销自己，商场上讲战术，头脑冷静，但是你有点儿锋芒毕露，切记不要抢人家的功劳，否则会为你以后的失败埋下伏笔。

心理评析：

世界上没有卑微的工作，只有卑微的工作态度。假使你对待工作是被动而非主动的，像奴隶在主人皮鞭的督促之下一样；假使你对工作会感觉到厌恶，没有热诚和爱好之心，不能使工作成为一种喜爱，而只觉得它是一种苦役，那你在这个世界上是一定不会有所作为的。工作态度包括工作积极性、工作热情、责任感、自我开发等较抽象的因素。不管从事什么工作，压力与困难总是存在的，重要的是你的工作态度，当你看重你的工作时，纵使面对缺乏挑战或毫无乐趣的工作，你也会自动自发地做事，同时为自己的所作所为承担责任。

5. 忙碌的工作暂时告一个段落，难得老板准你放个长假，你会希望这是个怎么样的假期？

A. 有趣好玩　　B. 放松休息　　C. 学习丰收　　D. 浪漫甜蜜

答案解析：

A. 你于公于私都是个拼命三郎，从不让自己停下来。你对吃喝玩乐的活动策划和工作提案一样认真，通宵熬夜对你已是家常便饭了。

B. 你在工作职场上很投入，在专业领域里也经营了一段时间，已经游刃有余，一切都在掌控中。因为太稳定了，也不想在工作上有任何异动，维持现状就好。

C. 这么积极进取，你大概也患有现在流行的"资讯焦虑症"吧！做任何事都希望具有某种目的或意义，要有所收获，不希望浪费一分一秒，对你而言，虚度光阴是不可能会发生的事。

D. 工作对你而言并不是最重要的，最多只能和你的家庭生活平分秋色。你不会是个工作狂，因为你工作赚钱的目的是为了享乐，所以上班时，总是私人电话讲个不停，脑里想的也多半是私事。

6. 假设你站在中央有东、南、西、北四个方向，请问你会选择哪一方向？

A. 往南走　　B. 往北走　　C. 往西走　　D. 往东走

答案解析：

A. 往南走的朋友，做事态度上容易受挫折，常有挫折感，很难找到自己满意的工作。需要很多助手帮你完成工作，依赖性较重。有太多期望，对自己的能力表现要求较高，使自己变得更加胆怯。对新的事物，常常犹疑不前是否要尝试。做人态度：觉得自己不受欢迎，因此个性软弱，需贴心的朋友肯定自己的决定。不易交到朋友，因为你常躲避人群，认为多数人都不友善，因此能交到的知心朋友也不多。

B. 往北走的朋友，做事态度上是苦干型人物，也有相当好的领导能力。极端理性地工作，不会轻易插手干涉或处理别人的事。一向可以很清楚地区分别人是别人、自己是自己，因此不轻易向人求助，也不善于体谅别人的需要，常是孤独的工作者。做人态度：总是经过衡量之后才选择和谁做朋友。常将所有的感情都经过理性的分析，因此你的朋友多半是因互相需要而在一起。如果配不上你的朋友或情人，常常得不到你的友情而终将离你而去。

C. 往西走的朋友，做事态度上极富责任感，但是必须在别人要求或监视之下才肯做好，能顺从别人是你做事的一大特色，并不十分坚持己见。对于个人兴趣和选择工作亦是如此。工作的选择受身边人的影响很大，能否成功与身边人有很大的关系。做人态度：待人非常热忱，重视朋友，但有时太过热情反而弄巧成拙。因为不懂区分朋友，错将人人都当成好朋友，有过度热情的倾向。在人际关系上，因领悟力差而内心常感寂寞空虚。

D. 往东走的朋友，做事态度上是做事稳重、事业心较强的人。遇挫折会有放弃念头，但从事喜欢的工作则不会，算是有始有终的成功者。因此找出你的兴趣，做你爱做的工作很重要。做人态度：在人际交往上能取得平衡，因此博得人缘。待人和善，可公正处理人事纠纷，不得罪任何一方。缺乏热情，因此在恋爱时，常处被动的地位，易错失良缘。

7. 挖井方法考验工作态度

面试题为："在一个地方挖井，若挖两锹挖不出水，是换个地方再挖，还是只认准这个地方，不管怎样艰难都坚持挖下去？"

有求职者A回答：如今是讲究效率的时代，"愚公移山"未必就是明智之举，与其在一棵树上吊死，不如迂回变通，换个地方重挖，多方尝试才能找到最容易挖出水的地方。

有求职者B回答：坚持在一处挖，一旦碰上土质问题，也许比不断换地方挖要付出更多的努力，但"精诚所至，金石为开"，最终挖到水后的成就感，也是无与伦比的。

求职者C回答：不论哪口井，应该都是可以挖到水的，只是存在水量多少、付出努力多少的不同而已。找到自己最想挖的那口井，认真地坚持下去，若挖到的水很多，当然可喜，挖到的水少也不会后悔，因为这个过程是让自己高兴的。他的回答得到了考官们的一致认可，并获得了进入下一轮面试的资格。

面试官说，其实这两种挖井的方法并无绝对的错对之分，但频繁变换有见异思迁之嫌，而死认一处又有些过迂，这其实可以折射出应聘者对工作的态度。C的回答表明他是个懂得规划的人，找到合适的工作，认准了一件事，应该可以稳定下来直到做出成就。而企业发展需要的就是这种做事有计划、有恒心的人才。

行动锦囊

责任是一种认真的态度，一种自律的品格；责任是一种使命，一种对完美的追求；责任是道德的承载，一种荣誉和欢乐。负责的精神是一个人、一个企业、一个国家乃至整个人类文明发展的基石。承载责任可以让人变得更强，落实责任可以收获成就和回报。自我们读书学习起，就要承担起作为学生的责任；自我们参加工作起，就要承担工作的责任；将来组织了家庭，我们就要负担起家庭的责任。还有社会的责任等。可见，责任不只是挂在嘴边的两个简单的字，而是我们应尽的本分，做事的标准需要我们时时掂量。那么，我们怎样把责任落实到位？

首先，把责任落实到位，要时刻保持一颗责任心。责任心是一种积极的工作态度，是做好工作的前提。心里有责任，才能去履行职责，去承担责任。比尔·盖茨说过："人可以不伟大，但不可以没有责任心。"如果只追求利益，怕承担责任或推卸责任，不管干什么工作，都是非常危险的，轻者给单位带来麻烦，重者将造成财产损失、生命安全。以一份强烈的责任心来对待自己的工作，我们必须时时提醒自己，我们的责任是什么？我们的责任心应该在哪里？只有这样，你才能认真地去思考工作，也才能负责任地去做好工作。

其次，把责任落实到位，要在工作中尽职尽责。尽职是负责任的表现，是责任落实的基础。只有尽职，才能扎实地做好本职工作。我们的每一项工作都是所在单位事业的组成部分，而尽职是实现目标的落脚点。如果在工作中不能尽职尽责，势必会对工作带来不同程度的影响。因此，在工作中一定要有明确的目标，做到把每一项工作做好做实。但在现实中，有的人往往不是这样，他们虽然也是在做工作，但对待工作的态度不够端正，想走捷径，弄虚作假，搞上有政策下有对策，对工作责任不是重在落实。这样的工作态度不仅不是尽职，而是严重的作风不实的表现。

要知道，认真做事只能把事情做对，只有用心做事才能把事情做好！缺乏踏实的工作作风，只能与落实责任相距甚远，何谈把责任落实到位？因此，必须在工作中尽职，才能真正把责任落到实处。

最后，把责任落实到位，要做到不逃避，要勇于承担责任。在一个单位集体，有时决策失误或者其他原因造成工作失误也是在所难免，而一旦出现决策失误影响到工作进程或导致失败，就需要有人来承担工作中的责任。在这种情况下，是承担责任还是逃避责任，也是一种需要表明的态度，对能否把责任落实到位至关重要。有人喜欢在成绩面前表功，但一旦遇到问题，往往就会采取回避、推脱的态度，讲客观、找借口，而不是主动分析原因、承担责任，谋划下一步工作。更有甚者是把自己的失误强加在别人的头上，自己的责任让别人来承担，从来就不从自身找原因。这样没有责任心、不愿承担责任的人，又怎么能把责任落实到位呢？逃避其实是一种消极心态和没有勇气面对挑战的行为，事实上，越逃避越躲不开失败的命运，越敢于迎难而上就越能品到成功的甘甜。因此，勇于承担自己的责任，是加强组织团结、促进工作顺利开展的保证，也是一个人成就事业的品质之一。不为失败找借口，只为成功找方法！

方法指导

英国王子查尔斯曾经说过："这个世界上有许多你不得不去做的事情，这就是责任。"生活中我们应该做到对自己负责、对他人负责、对集体负责、对家庭负责、对社会负责。

培养高度的责任感，要从以下几个方面做起：

一、清楚岗位，才能更好地承担责任

1. 高层责任——决策：做正确的事
2. 中层责任——执行：正确地做事
3. 基层责任——操作：有效地做事

二、尽职尽责，培养主人翁的意识

1. 你不是过客，公司就是你的家
2. 抛弃"打工者心态"，拥有"老板心态"
3. 自动自发，拒做"按钮式"员工
4. 让责任感成为一种生活习惯

三、注重小事，细节体现责任感

1. 责任无大小，工作无小错
2. 责任感体现在细节之中
3. 用做大事的心态对待小事
4. 始终追求精益求精
5. 聚焦责任，把小事做透

四、高效执行，责任感要落实到行动中

1. 责任感是高效执行的保证
2. 落实任务首先要落实责任
3. 不要被拖延捆住了手脚
4. 现在就干，马上就行动
5. 时刻保持高度的责任感

五、成果导向，锁定责任才能锁定成果

1. 责任感决定工作结果
2. 对你的工作结果负责
3. 注重结果才能获得功劳
4. 认真负责，确保结果零缺陷
5. 做一个追求成果的员工

六、着眼全局，对整个工作团队负责

1. 责任感是整个团队精神的核心
2. 我们都是"责任链"上的一环
3. 单打独干是对责任感的亵渎
4. 与不同性格的成员默契配合
5. 顾全大局，着眼于整个团队

应用举例

先请同学们阅读下面这个有关责任落实的案例并思考：

某服装厂的一名保安中午上班时在厂区巡逻，发现比较偏僻的原料仓库后门已生锈损坏，造成不能上锁，并且偶尔有几个男员工进去，躲在一个角落里抽烟。于是保安马上回去报告了保卫科长。保安说："公司原料仓库后门没有上锁，还有人进

去抽烟，可能会是一个安全隐患。"保卫科长听说后，立马告知了仓储部主管。仓储部主管非常重视，马上将原料仓库后门已生锈损坏、没有上锁的情况汇报给了厂长，并说："现在原材料价格很贵，如果被盗损失会很严重。"厂长听说后高度重视这个情况，认为必须要上报副总。可是副总在外地出差，厂长只好打电话给副总。副总指示："你们协商后马上解决，我立刻向总经理和董事长汇报。"就在当天晚上11点多钟的时候，两名员工又躲到了原料仓库抽烟，然而在离开时忘记熄灭烟头，烟头被风一吹点燃了仓库里面的废纸，废纸引燃了原材料，引起了仓库起火。大火迅速蔓延并烧到了车间。20分钟后消防车到达，经过一个多小时的抢救才扑灭了大火。此次火灾造成直接经济损失多达数万。董事长火速赶回公司，召开紧急会议并追究责任。保安说，我第一时间报告了科长；科长说，我告知了仓库负责人；仓库主管说，我非常重视这个问题，并上报了厂长；厂长说，我觉得这个问题很严重，没有耽搁任何时间就上报了副总；副总说，我正在出差，已给他们作了指示，并上报了总经理和董事长您呀…董事长平静地说：你们的意思是说，把问题和安全隐患告诉上一级就可以了，这次事件应该由我来负责，是吗？…

请大家思考一下，错误出在什么地方？是哪个环节的人员没有尽到应该的责任？

这个案例充分说明了责任的落实要有执行力，单位中的每一个人都应该是责任的主体和执行者，如果保安发现问题后能够上前制止，向他们阐明后果的严重性，或者仓库主管能及时更换门锁或者安排值班人员在此期间轮流值班直到更换为止，那么这个隐患完全可以解除。而问题就在于所有的人都只是把问题上报，这等同于是推卸责任，而没有考虑本岗位在这个事件中所应承担的职责。事实上，一个单位的前途和发展与每个人都息息相关，大家都是责任的担当者，也都是责任的受益者，只有每位员工都主动承担起应尽的责任，单位才有前途，员工个人发展才能有平台和机会。一个组织要靠的就是凝聚力，而凝聚力的核心就是高度的责任心，如同一根根麻绳靠着这份力量拧在一起，攻无不克，战无不胜，组织成功了，个人才有发展。

自我完善

根据行动锦囊与方法指导，结合职业自测，你在现阶段应该承担哪些责任：

1.

2.

3.

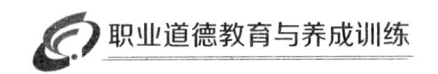

第六章　遵守规则

学习目标

1. 通过自测，找到自己在职业规则方面需要改进的方面。
2. 了解优秀企业对员工在职业规则方面的要求，为自己找准定位。
3. 制定合理的改善方案，使自己在职业规则方面行动更加完美。

智慧分享

案例一

以"济世养生"为宗旨的北京同仁堂创建于清康熙八年（1669年），由于"配方独特、选料上乘、工艺精湛、疗效显著"，自雍正元年（1721年）起，同仁堂正式供奉清皇宫御药房用药，历经八代皇帝，长达近二百年。

老一辈创业者伴君如伴虎，不敢有丝毫懈怠，终于造就了同仁堂人在制药过程中小心谨慎、精益求精的企业精神。

在300多年的历史长河中，历代同仁堂人树立"修合无人见，存心有天知"的自律意识，确保了"同仁堂"这一金字招牌的长盛不衰。有一次当经销商在广告中擅自增加并夸大某种产品的药效时，同仁堂郑重登报予以纠正并向消费者道歉。

同仁堂品牌作为中国的驰名商标，享誉海外。目前，同仁堂商标已经受到国际组织的保护，在世界50多个国家和地区办理了注册登记手续，成为拥有境内、境外两家上市公司的国际知名企业，企业实现了良性循环。

思考

同仁堂品牌享誉海外的原因是什么？

案例二

一个中国留学生在日本东京一家餐馆打工,老板要求洗盆子时要刷6遍。一开始他还能按照要求去做,刷着刷着,发现少刷一遍也挺干净,于是就只刷5遍;后来,发现再少刷一遍还是挺干净,于是就又减少了一遍,只刷4遍并暗中留意另一个打工的日本人,发现他还是老老实实地刷6遍,速度自然要比自己慢许多,便出于"好心",悄悄地告诉那个日本人说可以少刷一遍,看不出来的。谁知那个日本人一听,竟惊讶地说:"规定要刷6遍,就该刷6遍,怎么能少刷一遍呢?"

思 考

如果你是老板,你希望用哪种心态的员工?

国外一家调查显示:学历资格已不是公司招聘首先考虑的条件,大多数雇主认为诚实守信的职业道德是公司在雇佣员工时最优先考虑的;其次才是职业技能,接着是工作经验。毫无疑问,工作态度已被视为组织遴选人才时的重要标准。诚信是职业道德的根本,是事业成功的基本要求。在我们的职业生涯规划中只有将诚信贯彻始终,才能最终实现自己的宏伟目标。

第一节 养成诚信的态度

自我测试

测试一

1. 两千多年前,孔子就有言曰:"人而无信,不知其可也。"时至今日,诚信是做人之本、兴业之基、立国之策,这已是社会各界的共识。然而,我们正在经历一场严重的"诚信危机",最严重的表现为:

A. 政治领域里欺上瞒下、粉饰政绩、买官卖官、贿选捞官、贪污腐败、权钱交易等现象在某些地方和某些官员身上不同程度地存在。

B. 经济领域里制假贩假、偷税漏税、骗汇骗保、恶意透支、虚开票据、伪造票证、财务造假、商业欺诈、虚假广告、缺斤短两等现象相当严重。

C. 教育文化领域里假成果、假学历、假文凭、假证件、假新闻屡见不鲜。

2. 《韩非子》中的寓言：宋国有个富人，一天大雨把他家的墙淋坏了。他儿子说："不修好，一定会有人来偷窃。"邻居家的一位老人也这样说。晚上富人家里果然丢失了很多东西。假设你就是那个富人，你会怎么想：

A. 自认倒霉，就当是扶危济困，为下辈子积善了吧。

B. 运用法律武器，立即报告官府，擒拿偷盗的人，维护自我合法权益。

C. 儿子很聪明，怀疑是邻居家老人偷的，找他理论去。

3. 在无人监控的学生英语四级考试中，你遇到了许多不会做的题目，这时你会：

A. 看实际情况吧，小心驶得万年船，我可不要做扑火的飞蛾。

B. 不会做就不会做，绝不看别人的，说不定有监控器在偷窥呢。

C. 东张西望，力争准确答案，不然就不及格，也就拿不到毕业证书，这多可怕呀。

4. 在饭堂打饭时，周围人太多，服务员没留意到你是否有打卡而实际你却没打卡，这时你会：

A. 和她开个玩笑，装着没看见，一走了之。

B. 人家食堂也不容易，自觉地打卡，享受刷卡消费带来的快乐。

C. 义正词严地说：我打过两次卡了，你还缺我一份饭呢。

5. 在教室的桌洞里你（或者和同学）发现了上节课同学落下的手机、MP3、戒指等贵重物品，这时你会：

A. 携物私奔，换个座位，淡然处之，全当物品不在自己身上。

B. 感谢上帝给我一次做好事的机会，等待失主的到来。

C. 假慈悲的为失主愤不平，为同学隐瞒罪行。

6. 诚信、成人、成才是辩证统一的关系，诚信是基础，然后才谈得上探索如何成人与成才，你认为哪句话最能概括三者关系：

A. 车无辕不行，人无信不立。

B. 有德有才者，谓之君子；有德无才者，谓之贤人；有才无德者，谓之小人。

C. 成在学、思、行，行在诚、实、信。

7. 助学贷款是国家为支持和鼓励家境贫寒的学生完成大学学业而设立的无担保、无抵押、无质押的纯粹意义上的信用贷款，其偿还完全取决于学生个人信用。有些高校助学贷款的还贷违约率超过20%，令学校和银行方面有苦难言。您觉得影响贷款同学还贷的最主要的因素是什么呢？

A. 是否偿还都无所谓的心理，反正国家也无法制裁自己，坚持能拖就拖，能赖就赖的原则。

B. 个人或者家里出现问题，以至于不能按期还款，情非得以。

C. 毕业后一定时期内的收入不足以偿还贷款，"口袋里没钱，银行倒是很多"。

8. 青春爱情是校园里永恒的话题，它常谈常新不褪色。如果你在大学期间谈恋爱，你认为：

A. 玩玩而已，不会投入很深的感情，以后定会遇到更合适的。

B. 对感情负责，认真投入，真心实意地恋爱，不求回报。

C. 过程比结果更重要，只在乎曾经拥有，不在乎天长地久。

9. 在对所在的学校或公司填写个人材料如档案、履历表时，你会怎么做：

A. 无所谓。

B. 自己会如实填写，绝对诚信。

C. 在必要时可适当虚构，不必绝对诚信。

10. 怎样才能提高学生诚信意识，实现校园诚信呢？

A. 主要靠国家、靠社会，大社会诚信了，校园这个小社会自然也就诚信了。

B. 学校要严把思想教育关，把"诚信"纳入课堂话题。

C. 学生自身要不断提高对诚信的必要性和意义的认识，维护校园这最后一片净土。

（说明：上述题目选 1~5 题选 B 得 2 分，选 A 得 1 分，选 C 得 0 分；6~10 选 C 得 2 分，选 B 得 1 分，选 A 得 0 分。算一算你得几分呢？）

诚信心理测试量表解析：

经过一轮紧张而又刺激的选择后，大家的总分算好了吗？那就让我们一起来看看测试的最后结果吧！

得 0~7 分的人：同学，很遗憾呀！按照你的分数来推断，你是一个完全舍弃了诚实的人了。诚信是立身处世的准则，是人格的体现，是衡量个人品行优劣的道德标准之一。战国思想家墨翟说过："志不强者智不达，言不信者行不果。"周幽王便是这类朋友的"模范"，幽王烽火戏诸侯导致最后的灭国。你还记得"狼来了"吗？……所以呀，像这一类的朋友们，如果不想自己重蹈覆辙，就要好好地反省反省自己啰！"交友须带三分侠气，做人应有一片诚心"，"尘世难逢开口笑，菊花须插满头归"。古老的诗句中蕴含着耐人寻味的哲理。只要心诚，石头也会开出花来，让我们紧握这些箴言，相信拥有诚信，会使我们的人生之路会更平坦。要谨记，"诚者，天之道也。"

得 8~15 分的人：真的好可惜哦，你怎么会对诚信抱有怀疑的态度呢？中国传统文化认为诚信是"进德修业之本"、"立人之道"和"立政之本"。龙永图先生（博鳌亚洲论坛秘书长，原中国经贸部副部长）在2001年APEC会议上讲到一则这样的故事：一个七八岁的瑞士小男孩在一家超市的厕所里很久了还不出来，他妈妈急了，一个记者刚好碰到她，记者替妈妈进去找，发现小男孩满头大汗地在修抽水马桶，想把马桶冲干净。记者问男孩："你妈妈在外面急了，干吗还不出来？"男孩说："马桶没有冲干净怎么可以走呢？"好可爱哦、好感动哦！随着社会的进步，诚信正在发挥越来越大的作用。朋友，衷心祝愿您擦亮心灵的窗户，别给自己蒙上一层灰。只有做到"内诚于心"，才能"外信于人"。切记切记！

得16~20分的人：恭喜恭喜，强人呐！你是一个重承诺、守信义的人。倘若这种宝贵的品质继续发扬下去，将来定会成就一番事业，不仅如此，您还将会备受别人的尊重。"人中吕布，马中赤兔！"楚汉时的季布总以极其负责的态度对待别人，当时的老百姓常用"得黄金百万，不如得季布一诺"来赞美守信用的人。你已经是一位很诚信的人了，所以提醒你要恰当地使用善意的谎言。希望这类朋友能继续发扬诚信的优点，让它更"闪"更"亮"。

测试二

1. 你报名参加考试，但没有通过，别人问你时，你会说（　　　）。

A. 抱怨运气太差、题太难。

B. 告诉没有通过考试，但已经尽力了。

C. 不知如何说，转移话题。

2. 在买东西时，别人给你多找了钱，你会（　　　）。

A. 把多找的钱退给他。

B. 趁他没有发现赶快离开。

C. 态度好就给他，不好就不给。

3. 今天一件商品也没卖出去，别人问你时，你会（　　　）

A. 如实回答。　　B. 视情况而定。　　C. 使用谎言，以免别人嘲笑你。

4. 你向同事借100元钱，不久，同事离职了，你有钱时会（　　　）

A. 把钱还给他。　　B. 不还给他。　　C. 关系好就还给他，不好就不还。

5. 一般性考试时，监考离开考场，你会（　　　）

A. 想作弊又怕被发现，非常矛盾。　　B. 想检验自己，不想作弊。

C. 趁此机会作弊。

6. 你在向顾客介绍商品时，无意间夸大了产品的功能，你会（　　　）

A. 承认错误并及时更正。　　B. 尽力掩饰以免被客户发现。

C. 怀有侥幸心理，不作任何主观努力。

7. 朋友有了烦心事时喜欢向你倾诉吗？（　　　）

A. 不喜欢。　　　B. 喜欢。　　　C. 只有最好的朋友才喜欢。

8. 当你的竞争对手有困难向你求助时，你会(　　)

A. 幸灾乐祸并拒绝提供帮助。　　B. 热情帮助。　　C. 帮助但不情愿。

9. 你已经和朋友约好去做市场调查，但有人约你吃饭时，你会(　　)

A. 按时去做市场调查。　B. 去调查，但敷衍了事。　C. 去吃饭。

10. 你的朋友当着你的面说了谎，你会(　　)

A. 认为它是一个伪君子，不会再和他来往。

B. 当众揭穿他说谎，今后不再同他来往。

C. 在合适的场合告诉他不要说谎。

11. 顾客把一个秘密告诉你，并叮嘱你不要告诉别人，你会(　　)

A. 告诉别人。　　B. 守口如瓶。　　C. 只告诉好朋友。

12. 你和同事约好时间去销售，到时间他没来，你又无法同他联系，你会(　　)

A. 认为他不守信用，自己去。　B. 认为他肯定会来，继续等。

C. 认为他可能会遇到紧急情况，再等20分钟不来的话就自己去。

13. 你认为周围的人信任你吗？(　　)

A. 大多数的人信任我。　B. 同部门亲密的人信任我。　C. 没人信任我。

14. 如果你是主管，你是否信任下属并赋予他们充分的权利、充分发挥他们的能力？(　　)

A. 能。　　　　　　B. 不能。　　　　　C. 有时候能，有时候不能。

15. 在你没有钱的时候，你的一位好朋友过生日，你会(　　)

A. 自己动手制作一件工艺品给他。

B. 谎称有事，不去参加了。

C. 买了不失面子，借钱买礼物给他。

16. 面对一位新顾客，在向他推荐商品时你会(　　)

A. 实事求是地介绍商品。　B. 美化自己的商品。

C. 介绍自己产品的优点，对其缺陷只字不提。

17. 你如何对待你的竞争对手？(　　)

A. 将竞争情绪带入生活。

B. 想方设法限制对方的发展。

C. 将竞争仅局限于工作领域，生活上是朋友。

18. 朋友穿了件你认为比较难看的衣服，你会(　　)

A. 讨好他，假装很欣赏这件衣服。B. 不发表意见。C. 说出你的真实想法。

19. 在销售时，一位顾客要购买你的全部产品，在这位顾客回去取钱时，另一位

131

顾客前来购买这些产品时，你会(　　　)

A. 信守诺言，把产品留给第一位顾客。 B. 犹豫不决。

C. 把产品卖给第二位顾客。

20. 在你销售时，为了个人的私利而有意把假冒伪劣的商品推荐给顾客。(　　)

A. 会。 B. 不会。 C. 只会把劣质的推荐给不可能长期购买的顾客。

诚信自测的评分标准

题号	得分 A	得分 B	得分 C	题号	得分 A	得分 B	得分 C
1	1	3	2	11	1	3	2
2	3	2	1	12	1	3	2
3	3	2	1	13	3	2	1
4	3	1	2	14	3	1	2
5	2	3	1	15	3	2	1
6	3	1	2	16	3	1	2
7	1	3	2	17	1	2	3
8	1	3	2	18	1	2	3
9	3	2	1	19	3	2	1
10	2	1	3	20	1	3	2

得分评析：

48~60分（优秀）

您将是一个十分诚实守信的人，对人真诚、善良，做事言必行、行必果。如今商界，诚信这一优良品质更显得难能可贵，具有良好的诚信，一定会使你成为一个优秀的人。

得分55分以上的您的诚信需要增加。遇到问题时应当多动脑筋思考，相信经过一段时间的学习，一定会有进步的。

34~47分（合格）

您将是一位诚实可信的人。在通常的情况下能够说服自己，用诚信的眼光对待周围的人和事，但在和自身的利益相冲突时，往往会采取急功近利的做法。建议您在许多事情的成败，往往能否在紧要处再坚持一下，如果让自己的眼光更高远些、心胸再宽广些，您一定会在个人的修养上步入更高境界，进而使你的销售工作取得更好的成绩。

20~23 分（不合格）

您是一个过于灵活的人，但对外界设立了层层防线，人不可能依靠圆滑去获得朋友，也不可能依靠圆滑获得长久的成功，只有改变你的做事原则，做一个诚实可信的人，才能抵达成功的彼岸。

行动锦囊

诚信二字，说起来容易，做起来不易。养成诚信的态度首先向榜样学习，诚信立身、诚信立学、诚信立言、诚信立行。

遵守时间是职业纪律中最原始的一种，是信用的礼节，也是一名优秀员工必备的职业操守。作为一名员工，我们要做到：无论上班、开会还是赴约，都必须准时到达，若能提前几分钟到更好，可以做一些准备工作，为一会儿的会议或者洽谈打好基础；参加招待会、宴会等活动，也不要太晚到达，一些正式、隆重的大型聚会更是不能迟到。如果你对于别人的时间不表示尊重，你也别指望别人会尊重你的时间。如果你对自己的时间不尊重，你就没有影响力，就没有道德的力量。

严格遵守承诺，严格履行合同是个人职场成功、企业长足发展的法宝。一个人在和他人交往的过程中，应该做到"言而有信"，说到一定要做到。如果做不到，不要轻易许下诺言，否则会失信于人。当然，在现实生活中，有的时候为了照顾别人的感受而说了"善意的谎言"是无可厚非的，如：面对身患重病的病人，医生称没太大问题。但是，如果恶意说谎就是不诚信了。

诚信的养成过程需要积累。诚信不仅是道德问题，而且是一种法律意识，是每一个公民必须具备的基本修养，事关学校培养社会主义现代化合格的建设者和接班人的历史重任，需要经过几代人、几十代人的精心培育。目前我们国家正在建设和完善社会信用体系，发展信用经济，每一个人都要顺应时代发展的要求，做一名诚实守信的人，保质保量地为客户提供产品和劳务，建立自己的信用档案，诚信立人、诚信立行。

方法指导

生活中，我们应当身体力行，从小事做起，"勿以善小而不为，勿以恶小而为之"，点点滴滴皆当认真对待。每当夜幕降临、躺在床上的时候，我们应当反省自己一天的所作所为，想象是否有不当之处需要改正，有什么做得好的需要继续坚持，这样锲而不舍地进行着，终能养成诚实守信的良好习惯。在答应别人的要求前应当明辨是非善恶，判断利弊得失以及道德约束，不应当轻易答应别人的要求。

诚信心态的养成可以通过专门的诚信教育主题活动、道德两难问题设计方案比赛、辩论赛、文艺表演等活动形式，营造一种有利于诚信品质形成的心理氛围，引导学生把目光放到周围和自己身上；引导学生说老实话、办老实事、做老实人。组织学生进行"无人监考"活动；组织学生在街头商场对社会人士进行诚信观的调查；开展以"诚信在我身边"为主题的征文和演讲比赛，聘请事业成功的校友回来讲"企业家论人生素质"，让学生感受诚信对事业成功的作用；定期召开关于诚信的主题班会、讨论会，让学生自己解析诚信、关注诚信；对受到社会资助的同学进行诚信讲座，加深他们对社会的责任和回报意识，对于诚信表现好的学生及时表彰，树立宣传典型等。这些都会对学生诚信观的培养起到积极的作用。

应用举例

说起诚信，便联想到网络诚信。中国互联网已历经20多年，网民数量接近人口总数一半，网络社会已渐成形，网络诚信建设愈加成为社会文明发展的关键。

随着移动互联网的发展，微博、微信迅速扩张并成为新的公众舆论场所，所以，网民的一言一行都应该坚守"真"和"善"的原则，守住道德风尚的底线和信息真实性的底线，真正营造讲真话、讲实话、守诚信、守法规的道德氛围，给公众创造一个信任、安全、绿色、无公害的网络环境，唯有如此，才能真正成为有高度的安全意识、有文明的网络素养的"中国好网民"。

网络的诚信，不仅对网络的发展至关重要，是网络安全和健康的支柱，更是有效利用网络的优势的重要问题。对于网络的诚信建设，主要可以从以下几方面着手：

1. 提高网络通信的质量
2. 大力发展网络诚信教育
3. 制定相关的网络法规
4. 树立黑客新形象
5. 提高网民的诚信意识

除了网络诚信，同学们对职业诚信还有哪些可行的建议？

自我完善

根据行动锦囊与方法指导，结合职业自测，你的诚信态度养成还有哪些需要完善的方面：

1.
2.
3.

第二节 修养职业良心 遵守职业纪律

自我测试

测试一

（一）单选题

1. 尊重、尊崇自己的职业和岗位，以恭敬和负责的态度对待自己的工作，做到工作专心、严肃认真、精益求精、尽职尽责，有强烈的职业责任感和职业义务感。以上描述的职业道德内容是（　　）。

　　A. 职业良心　　B. 职业态度　　C. 职业理想　　D. 职业技能

2. 著名豫剧表演艺术家常香玉常说："戏比天大。"在朝鲜战场上，志愿军领导劝她改换相对安全的日子再去演出，她说："戏比天大，那么多志愿军都等着呢，他们不怕，我也不怕！"有一次，她被安排到一家工厂慰问演出，不巧遇到暴雨，有人建议先不要去了，她却斩钉截铁地说："戏比天大，就是下刀子也要去！"这些故事充分地表现了常香玉职业道德的（　　）内容。

　　A. 职业纪律　　B. 职业良心　　C. 职业技能　　D. 职业作风

3. 2008 年春运期间我国南方遭到 50 年不遇的冰冻灾害，有些商家借机提高物价，你是如何看待这一现象的？（　　）。

　　A. 无可厚非，商家就应该抓住一切机会增加收益

　　B. 商家缺乏职业良心，最终不利于企业的发展

　　C. 物以稀为贵，提价符合市场经济的原则

　　D. 提价是商家个人的事情，外人无权干涉

请结合下面的案例，回答 4~5 题：

1970 年美国进行导弹发射实验时，由于操作员对某一个螺母少拧了半圈，导致发射失败。1990 年"阿里安"火箭爆炸，是由于工作人员不慎将一块小小的擦拭布遗留在发动机的小循环系统中。

4. 结合以上案例，你认为上述事故主要是由（　　）。

　　A. 工作人员没有严格遵守操作规则造成的　　B. 螺母质量不过关造成的

　　C. 环境不卫生造成的　　D. 管理制度不健全造成的

5. 关于上述事故，你的感受是（　　）。

A. 这是偶然事故　　B. 做任何事情都需要按照纪律办事、精益求精

C. 职业纪律不重要，关键的是提高职业技能

D. 上述故事皆由于粗心造成的，与职业纪律无关

(二) 多选题

1. 职业良心是对职业责任的自觉意识，是(　　)的统一，它可以使从业人员表现出强烈的发自内心的强大精神动力，在从业人员的行为过程中起主导作用。

A. 认识和感情　　B. 原则和规范　　C. 意识和信念　　D. 监管和自律

2. 职业良心的理解，下列选项中正确的有(　　)。

A. 要求从业者在规定的时间范围内，集中精力做好事情

B. 从业者对于履行了职业责任的良好后果和影响，会得到内心的满足和欣慰；反之，则进行内心谴责，表现出内疚和悔恨

C. 要求从业者在工作上善始善终，不能虎头蛇尾

D. 职业良心成为从业人员的重要精神支柱

3. 下列论述中，体现职业良心要求的是(　　)。

A. 了解岗位职责，明确工作任务

B. 干一行，爱一行，培养自己的职责感情

C. 全力以赴地投入工作，精益求精

D. 一步一个脚印，从小事做起

4. 下列选项中，关于职业纪律的正确表述是(　　)。

A. 每个从业人员开始工作前，就应该明确职业纪律

B. 从业人员只要在工作过程中明白职业纪律就行

C. 从业人员违反职业纪律造成损失，要追究其责任

D. 职业纪律是企业内部的规定，与国家法律无关

5. 下列关于职业纪律的说法中，你认为正确的是(　　)。

A. 职业纪律与物质利益无关　　B. 职业纪律具有明确的规定性

C. 职业纪律与提高职业技能无关　　D. 职业纪律具有一定的强制性

6. 企业员工遵纪守法，必须做到(　　)。

A. 有法可依　　B. 服从管、卡、压

C. 有法必依　　D. 学法、知法、守法、用法

7. 职业纪律具有的特点是(　　)。

A. 社会性　　B. 强制性　　C. 变动性　　D. 普遍适用性

8. 职业纪律的内容有(　　)。

A. 诚实守信　　B. 岗位责任　　C. 操作规范　　D. 规章制度

9. 下列关于职业纪律的说法，正确的是(　　)。

A. 职业纪律是人们在特定的职业活动范围内必须共同遵守的行为准则

B. 职业纪律是社会上各类人群必须共同遵守的行为准则

C. 职业纪律是从事某种职业的人们必须共同遵守的行为准则

D. 职业纪律是在校学生必须共同遵守的行为准则

10. 遵守职业纪律，要求从业人员（   ）。

A. 履行岗位责任　　B. 执行操作规程

C. 可以不遵守自己认为不合理的规章制度

D. 积极打理上下级关系

11. 下列关于从业人员遵守职业纪律的正确说法是（   ）。

A. 职业纪律是职业活动正常进行的基本保证

B. 职业纪律关系到企业和个人的前途

C. 职业纪律有助于员工工作能力的提高

D. 职业纪律是员工得到尊重和肯定的基础

请结合下面的案例，回答12~13题：

2000年12月3日，山西省某煤矿发生特大瓦斯爆炸，事故造成多人死亡，经济损失惨重，事后调查表明，矿井主长时间不开排风系统，井下处于无风状况，造成瓦斯积聚爆炸。调查人员在爆炸地点不远处发现打火机和烟头。经分析认定，爆炸的直接原因是井下矿工吸烟。

12. 你认为上述惨剧是（   ）。

A. 管理不善造成的　　B. 缺乏安全意识造成的

C. 违反劳动纪律造成的　　D. 责任心不强造成的

13. 上述事故说明（   ）。

A. 偶然事故在所难免　　B. 责任重于泰山

C. 职业道德不重要，关键是提高职业技能

D. 违反劳动纪律的行为损人害己

参考答案：

（一）单选题 1. A；2. C；3. B；4. A；5. B

（二）多选题 1. AC；2. ABCD；3. ABCD；4. AC；5. BD；6. ACD；7. ABCD；8. BCD；9. AC；10. AB；11. ABCD；12. ABCD；13. BD

行动锦囊

职业良心在职业活动中起着重要的作用。

首先，在从业人员作出某种行为之前，职业良心具有动机定向的作用。一个从

业人员具有职业良心，就能履行职业义务的道德要求，对行为的动机进行自我检查，凡符合职业道德要求的动机就予以肯定，凡不符合职业道德要求的动机就进行抑制或否定，从而作出正确的选择或决定。

其次，在职业活动进行过程中，职业良心能够起到监督作用。对符合职业道德要求的情感、意志和信念，职业良心就给予激励并促使其坚持下去；对于不符合职业道德要求的情绪、欲望或冲动，职业良心则予以抑制，促使从业人员自行改变其行为方向和方式，纠正自私欲念或偏颇情感，避免产生不良后果。

再次，在职业活动结束以后，职业良心具有评价作用。职业良心能够对自己的职业活动及其结果作出自我表现评价。对履行了职业义务的良好结果和影响，会得到内心的满足和欣慰；对没有履行职业义务的不良后果和影响，进行内心谴责，表现出内疚、惭愧和悔恨，促使其主动自觉地纠正错误。

职业纪律是职业责任和职业道德的表现，反过来又是职业责任与职业道德的保证。职业纪律就是把人组织起来，形成统一的意志和行动。邓小平曾经说过："中国这么大，怎样才能团结起来、组织起来呢？一靠理想，二靠纪律。"

要遵守职业纪律，从业人员必须从三个方面努力：

1. 熟知职业纪律，避免无知犯错

一要明白什么是纪律，二要明白什么是危害，三要明白违纪后的后果。

2. 严守职业纪律，不能明知故犯

职业纪律要求：学法、知识、守法、用法，一定是在法律之上的对个人行为的要求。

职业纪律执行要求：自律性、互帮性、提示性。

3. 自觉遵守职业道德，养成严于律己的习惯

从强制到自觉是自觉遵守职业道德是一个发展的飞跃。

从被动的执行到主动的遵守。

从坚持开始，到养成习惯形成自然。

遵守职业纪律是其成为高尚的职业道德的自觉行为。

方法指导

职业良心的修炼非一日之功，需要向道德模范学习，加强道德修养，提高道德素质，培育职业精神、强化职业信念，积善行德，日积月累，内化于心，外化于行。

1. 在日常生活中加强道德修养，提高道德素质

职业良心必须以职业道德的自律为基础。从个体角度看，职业良心是一种"道德自律"行为，而且这种自律是以道德自觉为前提。因此要培养职业良心，必须提

高道德修养。不论将来从事何种行业，都要有仁爱之心，己所不欲，勿施于人，设身处地为服务对象着想，学会换位思考和情感认同，从内心深处真正做到为他人服务。

2. 树立职业信仰

职业与岗位的不同，只是分工的差别，而不是地位的差别，只要是正当的、社会需要的，能够为人民大众服务的职业都是值得尊重的职业，所有劳动者都是光荣的。在此基础上，从个人的角度来讲，应做到人人爱岗敬业，形成干一行、爱一行、钻一行、精益求精、尽职尽责的良好风尚，人人把干好自己的职业作为信念来对待。

3. 培养职业责任心

培养职业良心，必须从培养责任心做起，因为责任重于泰山，有责任心和责任感的人会想方设法地把交给他的工作做好；拥有职业责任感和责任心的人，必定拥有高尚的职业道德。职业道德和职业责任心之间的关系是内与外的关系，是内化于心、外化于形的有机统一体，也就是说，一个人职业道德的高低体现在对工作岗位的价值取向上，体现在尽职尽责的工作态度上。

总之，良心是形成道德的核心。培养职业良心对提升从业者职业道德水平起着非常重要的作用。

作为一名职业院校的学生，在校期间就要明确纪律的重要性，做到：熟知职业纪律，避免无知违纪；严守职业纪律，不能明知故犯；自觉遵守职业纪律，养成严于律己的习惯。

应用举例

2007年8月13日下午，湖南省湘西土家族苗族自治州凤凰县正在建设的堤溪沱江大桥发生坍塌事故，造成64人死亡、22人受伤，直接经济损失3974.7万元。

事故发生后，国务院组成事故调查组，立即开展了调查工作。

经调查认定，这是一起严重的责任事故。由于施工、建设单位严重违反桥梁建设的法规标准、现场管理混乱、盲目赶工期，监理单位、质量监督部门严重失职，勘察设计单位服务和设计交底不到位，湘西自治州和凤凰县两级政府及湖南省交通厅、公路局等有关部门监管不力，致使大桥主拱圈砌筑材料未满足规范和设计要求，拱桥上部构造施工工序不合理，主拱圈砌筑质量差，降低了拱圈砌体的整体性和强度，随着拱上施工荷载的不断增加，造成1号孔主拱圈靠近0号桥台一侧3至4米宽范围内，砌体强度达到破坏极限而坍塌，受连拱效应影响，整个大桥迅速坍塌。

对事故责任人员的处理：由司法机关处理24人，给予相应党纪、政纪处分33人，责成湖南省人民政府向国务院作出深刻检查。

通过这个震撼人心、动人心魂的案例，使人深刻明白职业良心对从业人员的职业活动有着重大的影响，左右着从业人员职业道德生活的各个方面，贯穿于职业活动的全过程。

自我完善

根据行动锦囊与方法指导，结合职业自测，你的职业良心还有哪些需要完善的方面：

1.

2.

3.

第七章　优质高效

学习目标

1. 通过自测，深入分析自己的心理状态，找出差距与不足，努力培养自己阳光稳定的心态。

2. 认识到阳光稳定心态对于成功的重要意义。

3. 根据自身的情况，制定相应的计划和措施，逐步实现阳光稳定的心态。

智慧分享

古时候有个秀才，勤奋好学，才华横溢，但家境贫寒，一直期盼着通过进京赶考来求得功名，改变自己的命运。这一年，秀才带着全部家当来到京城，考试前一晚上却做了两个梦。第一个梦是梦见自己在高墙上面种白菜，第二个是梦见自己在下雨天里戴着斗笠而且还打着伞。醒来后他百思不得其解，觉得这两个梦都暗藏着含义，于是便找了个算命先生解梦。秀才把梦的经过和算命先生说了一番后，算命先生摇了摇头说："你还是回家去吧。高墙上面种白菜不就意味着白忙活吗？下雨天戴斗笠又打伞不是明摆着多此一举吗？"秀才听后觉得算命先生说得很有道理，于是心灰意冷，精神萎靡不振，全然没了先前的信心和干劲，思来想去决定回客栈收拾衣服准备回老家。客栈老板看到觉得奇怪，于是便问："你回家，难道不准备考试了？"秀才便把做的梦和算命先生解梦的经过和店老板如实说了一下。店老板一听乐了，说："我也会解梦。我跟算命先生的想法不一样，我倒觉得你一定要留下来参加考试。你想啊，高墙上面种白菜不是指高中吗？下雨天戴斗笠又打伞不是说明你准备充分，有备无患吗？"秀才听来觉得这种解释也很合理，反思自己之前的行为太悲观、太冲动，差点放弃了等候多年的机会，于是积极调整心态，留下来参加了考试，结果金榜题名，赢得了状元。多年后，当年的秀才已官拜宰相，谈起这段经历，他感慨道：一个人的心，要乐观、要坚定，这样才能安静地做事，达到成功。

> **思 考**

1. 秀才最后能成功的原因是什么？

2. 你如何理解秀才最后的感慨？

任何事情都有两面性，关键是看当事者以怎样的心态对待它，阳光稳定的心态创造成功、成就人生，消极波动的心态容易导致失败、消耗人生。拥有良好心态的人会更容易接近成功。在一个人的职业生涯中，难免会遇到挫折与困难，若心态未调整好，势必会影响到工作效率和质量，甚至会影响到整个团队的工作业绩。所以，学生时代的我们一定要有意识地培养自己阳光稳定的心态，为未来铺路。

第一节　培养阳光稳定的心态

> **自我测试**

测试一

下面有25个问题，请根据你的实际情况如实回答。回答从否定到肯定分为5个等级：0表示完全否定；1表示基本否定；2表示说不准；3表示基本肯定；4表示完全肯定。请把每题的得分记下来。

1. 你现在对自己抱有信心吗？

2. 当你情绪不好时，你会进行调解吗？

3. 你有明确的人生目标吗？

4. 你有业余爱好吗？

5. 对于生活中出现的问题，你能往积极乐观的方面想吗？

6. 你经常进行体育锻炼吗？

7. 当事情没做好时，你也不为此否定自己吗？

8. 你能以幽默的态度对待生活中的许多事情吗？

9. 你已不过分关注自己的心理问题或症状，而去做你该做的事？

10. 你的惧怕心理越来越少，胆量越来越大吗？

11. 你只关注着自己的进步，而不和别人盲目比较吗？

12. 你能把学到的理论运用于自己的生活实践吗？

13. 你是否认为你应该对自己的人生负责，而不归咎于父母等外界因素？

14. 你有可以相互交流、相互倾诉、相互帮助的朋友吗？

15. 当别人提出你不愿意接受的要求时，你是否敢加以拒绝？

16. 你是否能理解别人和关心别人？

17. 你是否能安下心来专心的做事？

18. 你对生活充满着热情而不是无聊消沉吗？

19. 你已明确了自己的长处和短处并加以辩证地看待吗？

20. 你能保持着对外界的关注而不是盯着自己的心理症状吗？

21. 你对自己出现退步或反复能加以宽容吗？

22. 你能把生活安排得井井有条吗？

23. 你是否已不十分在意别人的看法？

24. 你是否已不拿一些无关的事情来否定和考验自己？

25. 你的情绪基本上处于稳定和良好的状态吗？

答案解析：
低于65分则要引起高度警惕，马上进行调整！总分达到65分，为及格；66至80分为基本合格；81至95分为良好；96分以上为优等。

自测结果：_____分

测试二

气质是指人典型的、稳定的心理特点，包括心理活动的速度（如语言、感知及思维的速度等）、强度（如情绪体验的强弱、意志的强弱等）、稳定性（如注意力集中时间的长短等）和指向性（如内向性、外向性）。这些特征的不同组合便构成了个人的气质类型，它使人的全部心理活动都染上了个性化的色彩，属于人的性格特征之一。气质类型通常分为多血质、胆汁质、黏液质、抑郁质四种。

请根据你的实际情况与真实想法作答。每题设有五个选项：
A. 很符合 B. 比较符合 C. 介于中间 D. 不太符合 E. 很不符合

测试开始：
1. 做事力求稳妥，一般不做无把握的事。
2. 遇到可气的事就怒不可遏，只有把心里话全说出来才痛快。
3. 宁可一人做事，不愿很多人在一起。
4. 很快就能适应一个新环境。
5. 厌恶那些强烈的刺激，如尖叫、噪音、危险镜头等。
6. 和人争吵时，总是先发制人，喜欢挑衅。
7. 喜欢安静的环境。
8. 善于和人交往。

9. 羡慕那种善于克制自己感情的人。
10. 生活有规律,很少违反作息制度。
11. 在多数情况下,情绪是乐观的。
12. 碰到陌生人会觉得很拘束。
13. 遇到令人气愤的事,能很好地自我控制。
14. 做事总是有旺盛的精力。
15. 遇到问题时常常举棋不定,优柔寡断。
16. 在人群中从不觉得过分拘束。
17. 情绪高昂时觉得干什么都有趣,情绪低落时觉得干什么都没意思。
18. 当注意力集中于某一事物时,别的事物很难让自己分心。
19. 理解问题总比别人快。
20. 碰到危险情况时,常有一种极度恐惧感。
21. 对学习、工作、事业抱有极大的热情。
22. 能够长时间做枯燥、单调的工作。
23. 符合兴趣的事,干起来劲头十足,否则就不想干。
24. 一点小事就会引起情绪波动。
25. 讨厌做那种需要耐心、细心的工作。
26. 与人交往不卑不亢。
27. 喜欢参加热烈的活动。
28. 爱看感情细腻、描写人物内心活动的文学作品。
29. 工作学习时间长时,常感到厌倦。
30. 不喜欢长时间讨论一个问题,愿意实际动手干。
31. 宁愿侃侃而谈,不愿窃窃私语。
32. 别人说我总是闷闷不乐。
33. 理解问题常比别人慢一些。
34. 疲倦时只要经过短暂的休息就能精神抖擞,重新投入工作。
35. 心里有话时,宁愿自己想,不愿说出来。
36. 认准一个目标就希望尽快实现,不达目的,誓不罢休。
37. 同样和别人学习、工作一段时间后,常比别人更疲倦。
38. 做事有些莽撞,常常不考虑后果。
39. 老师和师父讲授新知识、新技术时,总希望他讲慢些,多重复几遍。
40. 能够很快忘记不愉快的事情。
41. 做作业或完成一件工作总比别人花的时间多。
42. 喜欢运动量大的剧烈活动或参加各种娱乐活动。

145

43. 不能很快地把注意力从一件事上转移到另一件事上去。

44. 接受一个任务后，就希望迅速完成。

45. 认为墨守成规比冒风险好一些。

46. 能够同时注意几件事。

47. 当我烦闷的时候，别人很难让我高兴。

48. 爱看情节起伏跌宕、激动人心的小说。

49. 对工作认真严谨，具有始终如一的态度。

50. 和周围人的关系总是处不好。

51. 喜欢复习学过的知识，重复检查已经完成的工作。

52. 希望做变化大、花样多的工作。

53. 小时候会背许多首诗歌，我似乎比别人记得清楚。

54. 别人说我"语出伤人"，可我并不觉得这样。

55. 在体育活动中，常因反应慢而落后。

56. 反应敏捷，头脑机智灵活。

57. 喜欢有条理而不麻烦的工作。

58. 兴奋的事常常使我失眠。

59. 老师讲新的概念，常常听不懂，但是弄懂以后就很难忘记。

60. 如果工作枯燥无味，马上情绪就会低落。

评分标准：选 A 得 2 分，选 B 得 1 分，选 C 得 0 分，选 D 得 -1 分，选 E 得 -2 分，然后计算总分。

测试结果：

1. 将每题得分填入相应的"得分"栏内。

2. 计算每种气质类型的总分数。

3. 气质类型的确定：如果某类气质得分明显高出其他三种，均高出 4 分以上，则可定为该类气质。此外，如果某类气质得分超过 20 分，则为典型型；如果某类得分在 10~20 分，则为一般型。

如果两种气质类型得分接近，其差异低于 3 分，而且又明显高于其他两种，高出 4 分以上，则可定为两种气质的混合型。

如果三种气质得分均高于第四种，而且相互接近，则为三种气质的混合型。

胆汁质题号：2、6、9、14、17、21、27、31、36、38、42、48、50、54、58 总分得分

多血质题号：4、8、11、16、19、23、25、29、34、40、44、46、52、56、60 总分得分

黏液质题号：1、7、10、13、18、22、26、30、33、39、43、45、49、55、57

总分得分

抑郁质题号：3、5、12、15、20、24、28、32、35、37、41、47、51、53、59
总分得分

心理评析：

气质是心理活动的动态特征，与日常生活中所说的"脾气"、"秉性"相近。气质是人格特征的自然风貌，它的成因主要与大脑的神经活动类型及后天习惯有关。气质类型本身在社会价值评价方面无好坏优劣之分，可以说每一种气质类型中都有积极或消极的成分，在人格的自我完善过程中应扬长避短。气质不能决定人的思想道德素养和活动成就的高低。各种气质类型的人都可以对社会做出贡献，当然其消极成分也会对人的行为产生负面影响。

在人群中，典型的气质类型者较少，更多的人是综合型。多血质和胆汁质的气质类型易形成外向性格，黏液质和抑郁质的气质类型的人一般较文静和内向。

1. 多血质

神经特点：感受性低；耐受性高；不随意反应性强；具有可塑性；情绪兴奋性高；反应速度快而灵活。

心理特点：活泼好动，善于交际；思维敏捷；容易接受新鲜事物；情绪和情感容易产生，也容易变化和消失，同时容易外露；体验不深刻。

典型表现：多血质又称活泼型，敏捷好动，善于交际，在新的环境里不会感到拘束。在工作、学习上富有精力而且效率高，表现出机敏的工作能力，善于适应环境变化。在集体中精神愉快，朝气蓬勃，愿意从事合乎实际的事业，会对事业心向神往，能迅速地把握新事物，在有充分自制能力和纪律性的情况下，会表现出巨大的积极性。兴趣广泛，但情感易变，如果事业上不顺利，热情可能会消失，其速度与投身事业一样迅速。从事多样化的工作往往会成绩卓越。

合适的职业：导游、推销员、节目主持人、演讲者、外事接待人员、演员、市场调查员、监督员等。

2. 胆汁质

神经特点：感受性低；耐受性高；不随意反应性强；外倾性明显；情绪兴奋性高；控制力弱；反应速度快但不灵活。

心理特点：坦率热情；精力旺盛，容易冲动；脾气暴躁；思维敏捷，但准确性差；情感外露，但持续时间不长。

典型表现：胆汁质又称不可遏止型或战斗型，具有强烈的兴奋过程和比较弱的抑郁过程，情绪易激动，反应迅速，行动敏捷，暴躁而有力；在语言上、表情上、姿态上都有一种强烈而迅速的情感表现；在克服困难上有不可遏止和坚韧不拔的劲头，但不善于考虑；性急，情感易爆发而不能自制。这种人的工作特点带有明显的周期性，埋头于事业，也准备去克服通向目标的重重困难和障碍。但是当精力耗尽时，易失去信心。

适合职业：管理工作、外交工作、驾驶员、服装纺织业、餐饮服务业、医生、律师、运动员、冒险家、新闻记者、演员、军人、公安干警等。

3. 黏液质

神经特点：感受性低；耐受性高；不随意反应性低；外部表现少；情绪具有稳定性；反应速度快但不灵活。

心理特点：稳重，考虑问题全面；安静，沉默，善于克制自己；善于忍耐；情绪不易外露；注意力稳定而不容易转移，外部动作少而缓慢。

典型表现：这种人又称为安静型，在生活中是一个坚定而稳健的辛勤工作者。由于这种人具有与兴奋过程相均衡的强的抑制，所以行动缓慢而沉着，严格恪守既定的生活秩序和工作制度，不会为无谓的诱因而分心。黏液质的人态度持重，交际适度，不做空泛的清谈，情感上不易激动，不易发脾气，也不易流露情感，能自制，也不常常显露自己的才能。这种人能长时间坚持不懈，有条不紊地从事自己的工作。其不足之处在于不够灵活，不善于转移自己的注意力。惰性使他因循守旧，固定性有余，而灵活性却不足。具有从容不迫和严肃认真的态度，性格上表现出一贯性和确定性。

适合职业：外科医生、法官、管理人员、出纳员、会计、播音员、话务员、调解员、教师、人力人事管理主管等。

4. 抑郁质

神经特点：感受性高；耐受性低；随意反应性低；情绪兴奋性高；反应速度慢，刻板固执。

心理特点：沉静，对问题感受和体验深刻、持久；情绪不容易表露；反应迟缓但深刻；准确性高。

典型表现：有较强的感受能力，易动感情，情绪体验的方式较少，但是体验时持久且有力，能观察到别人不易察觉的细节，对外部环境变化敏感，内心体验深刻，外表行为非常迟缓、忸怩、怯弱、怀疑、孤僻、优柔寡断，容易恐惧。

适合职业：校对、打字、排版、检察员、雕刻工作、刺绣工作、保管员、机要秘书、艺术工作者、哲学家、科学家等。

测试三

请按真实情况作答。

1. 看到自己最近一次拍摄的照片，你有何想法？

A. 觉得不称心　　　　　B. 觉得很好　　　　　C. 觉得可以

2. 你是否想到若干年后会有什么使自己极为不安的事?
A. 经常想到　　　　　　B. 从来没想过　　　　　C. 偶尔想到

3. 你是否被朋友、同事、同学起过绰号、挖苦过?
A. 这是常有的事　　　　B. 从来没有　　　　　　C. 偶尔有过

4. 你上床以后,是否经常再起来一次,看看门窗是否关好、炉子是否封好等?
A. 经常如此　　　　　　B. 从不如此　　　　　　C. 偶尔如此

5. 你对与你关系最密切的人是否满意?
A. 不满意　　　　　　　B. 非常满意　　　　　　C. 基本满意

6. 你在半夜的时候,是否经常觉得有什么值得害怕的事?
A. 经常　　　　　　　　B. 从来没有　　　　　　C. 极少有这种情况

7. 你是否经常因梦见什么可怕的事而惊醒?
A. 经常　　　　　　　　B. 没有　　　　　　　　C. 极少

8. 你是否曾经有多次做同一个梦的情况?
A. 有　　　　　　　　　B. 没有　　　　　　　　C. 记不清

9. 有没有一种食物使你吃后呕吐?
A. 有　　　　　　　　　B. 没有　　　　　　　　C. 记不清

10. 除去看见的世界外,你心里有没有另外一种世界?
A. 有　　　　　　　　　B. 没有　　　　　　　　C. 记不清

11. 你心里是否时常觉得你不是现在的父母所生?
A. 时常　　　　　　　　B. 没有　　　　　　　　C. 偶尔有

12. 你是否曾经觉得有一个人爱你或尊重你?
A. 是　　　　　　　　　B. 否　　　　　　　　　C. 说不清

13. 你是否常常觉得你的家庭对你不好,但是你又确知他们对你好?
A. 是　　　　　　　　　B. 否　　　　　　　　　C. 偶尔

14. 你是否觉得没有人十分了解你?
A. 是　　　　　　　　　B. 否　　　　　　　　　C. 说不清楚

15. 你在早晨起来的时候最经常的感觉是什么?
A. 秋雨霏霏或枯叶遍地　B. 秋高气爽或艳阳天　　C. 不清楚

16. 你在高处的时候,是否觉得站不稳?
A. 是　　　　　　　　　B. 否　　　　　　　　　C. 有时是这样

17. 你平时是否觉得自己很强健?
A. 否　　　　　　　　　B. 是　　　　　　　　　C. 不清楚

18. 你是否一回家就立刻把房门关上?
A. 是　　　　　　　　　B. 否　　　　　　　　　C. 不清楚

19. 你坐在小房间里把门关上后，是否觉得心里不安？

　　A. 是　　　　　　　　B. 否　　　　　　　　C. 偶尔是

20. 当一件事需要你做决定时，你是否觉得很难？

　　A. 是　　　　　　　　B. 否　　　　　　　　C. 偶尔是

21. 你是否常常用抛硬币、玩纸牌、抽签之类的游戏来测凶吉？

　　A. 是　　　　　　　　B. 否　　　　　　　　C. 偶尔

22. 你是否常常因为碰到东西而跌倒？

　　A. 是　　　　　　　　B. 否　　　　　　　　C. 偶尔

23. 你是否需用一个多小时才能入睡，或醒的比你希望的早一个小时？

　　A. 经常这样　　　　　B. 从不这样　　　　　C. 偶尔这样

24. 你是否曾看到、听到或感觉到别人觉察不到的东西？

　　A. 经常这样　　　　　B. 从不这样　　　　　C. 偶尔这样

25. 你是否觉得自己有超越常人的能力？

　　A. 是　　　　　　　　B. 否　　　　　　　　C. 不清楚

26. 你是否觉得因有人跟你走而心里不安？

　　A. 是　　　　　　　　B. 否　　　　　　　　C. 不清楚

27. 你是否觉得有人在注意你的言行？

　　A. 是　　　　　　　　B. 否　　　　　　　　C. 不清楚

28. 当你一个人走夜路时，是否觉得前面潜藏着危险？

　　A. 是　　　　　　　　B. 否　　　　　　　　C. 偶尔

29. 你对别人自杀有什么想法？

　　A. 可以理解　　　　　B. 不可思议　　　　　C. 不清楚

评分标准：

以上各题的答案，选 A 得 2 分，选 B 得 0 分，选 C 得 1 分。请将你的得分统计一下，算出总分。得分越少，说明你的情绪越佳，反之越差。

总分 0~20 分，表明你情绪稳定、自信心强，具有较强的美感、道德感和理智。你有一定的社会活动能力，能理解周围人们的心情，顾全大局。你一定是个性爽朗、受人欢迎的人。总分 21~40 分，说明你情绪基本稳定，但较为深沉，对事情的考虑过于冷静，处事淡漠消极，不善于发挥自己的个性。你的自信心受到压抑，办事热情忽高忽低，瞻前顾后，踌躇不前。总分在 41 分以上，说明你的情绪极不稳定，日常烦恼太多，使自己的心情处于紧张和矛盾中。如果你得分在 50 分以上，则是一种危险信号，你务必请心理医生进一步诊断。

行动锦囊

阳光稳定的心态可分为四个部分，分别是积极、知足、自信、感恩。

积极的人做任何事都非常有冲劲，会全力以赴、尽心尽力地去做，而且还会按时按量不打折扣地完成。而消极的人从一开始就把自己打败，找各种理由拖沓搪塞，到最后只会一事无成。

知足的心态是这样的：不受外界干扰，不与别人攀比较量，抵制不良诱惑，追随自己的心，把握好前进的方向，过好属于自己的小生活。人之所以会觉得生活累，大多是源于比较。常言道：知足常乐。抛弃一切杂念，丢掉虚伪和虚荣，一心向上，你会发现生活中少了很多烦恼，多了很多喜悦。

自信是一个人心灵最好的营养剂，拥有自信的人大多性格开朗稳定，坦然面对生活中的欢乐和忧愁，具有自我控制和痊愈的能力。自信的人通常都是乐观积极的人，具有踏实的行动和源动力，会更容易成功。

感恩是中华民族的传统美德。中国自古以来就有"滴水之恩，涌泉相报"的感恩思想。感恩教育就是培养人阳光健康的心理，发现生活中的美，更容易快乐起来。拥有一颗快乐的心，也就有了抵御负能量的武器，会更加积极地生活和爱人。

当代著名学者林清玄曾经送给朋友四个字"常想一二"。朋友问什么意思，林清玄说："人生不如意事十常八九，我们生命里面不如意的事占了绝大部分，因此，活着本身是痛苦的。但扣除八九成的不如意，至少还有一二成是如意的、快乐的、欣慰的事情，我们如果要过快乐人生，就要常想那一二成好事，这样就会感到庆幸，懂得珍惜，不至于被八九成的不如意所打倒了。"你的心态是什么，你看到的就是什么。让"常想一二"成为我们走向阳光稳定心态的第一步吧！

方法指导

非洲前总统曼德拉因为追求民主和独立而坐了几十年牢，出狱做了总统后，特别善待曾经敌视、迫害过他的人，他说："如果我不从仇恨的记忆走出来，那无论我现在在哪里，其实还是在监狱中"。生活中，同学们应该多培养自己阳光稳定的心态，克服消极波动的心态。那么，怎样塑造阳光稳定的心态呢？这里介绍六种方法和大家共享。

一、确定奋斗目标

有一个有趣的现象：出租车什么时候最容易出事？答案是：在没有乘客的时候。原因很简单，没乘客时他的方向是盲目的，到十字路口左转右转，犹豫不决，当然容易出事。这是丧失目标的危害。清晰的目标必然产生坚定的信念，也必然产生坚定的力量，整个人生是这样，具体工作也是如此。有了明确而积极的目标，不良心态就慢慢抵消了。

二、运用暗示激励

心理学家说，有效的、积极的暗示能提高自我价值的认识，建立充分的自信。充分的自信会源源不断地给思想上输送正能量，让人一直处于积极的心态中。一个人拥有自信，那么他的一切都会充满阳光，处处鸟语花香，没有乌云密布。

三、尝试挑战自我

越是害怕的事情，你越尝试着去做，一定能改变你自己。比如你有恐高症，你就去爬高；你羞于讲话，你偏逼自己在会上发言，逼自己坐到显眼处；你胆小，你逼自己去蹦极；你口齿不灵，偏要与之辩论。当你战胜了自己，会获得足够的成功体验，心理上得到满足，心情会变得愉悦，愈发具有激情和力量。

四、做事持之以恒

1948年牛津大学请丘吉尔演讲，他只用三句话总结了自己的成功的秘诀：第一决不放弃；第二是决不、决不放弃；第三是决不、决不、决不放弃。哲学家说：世界上没有失败者，只有放弃者。人的心智就是在慢慢地坚持中被磨炼出来，坚持的过程是平稳心态的过程。一个能坚持做事的人，必定具有稳定的心态和情绪；相反，情绪波动的人没有一颗安定的心，势必做不到持之以恒。

五、利用现有资源把事情做成，而不是消极等待

如果有柠檬，就做柠檬水，你别嚷嚷怎么没有苹果、香蕉啊？利用现有的资源把事情做成，而不是好高骛远、消极等待。每一步都连接着未来，要把握现在，充分利用现在的条件做点事情，努力提升自我价值，为你的选择全力以赴，这样你才不会后悔。你现在努力走的每一步，都是通向未来的进步的阶梯。

六、学会感恩

某企业老总曾经说过，他招聘学生时首先看他们孝不孝敬父母，如果他们连父母都不孝敬，也不会忠诚于企业。学会感恩，首先是要对父母感恩，这很重要。懂得感恩的人有一颗善良柔软的心，能感受和反馈别人的爱和奉献，他们热爱生活、热爱身边的人、热爱身边的事物，生活在爱的包围圈里，内心强大而有力量。

心态对一个人的行为具有指导性、动力性的影响。在日常的学习生活中，环境与状态属于客观因素，我们无力改变，所能调节和改善的只有我们自己的主观条件。

心态就是其中很重要的一个部分。同样一件事，我们用不同的心态去看待就会有不同的结果。心态决定一切！所以，从今天开始，从此时此刻开始，让我们向阳光稳定的心态出发吧！

应用举例

阳光稳定的心态能让你走出绝望和消沉，走向人生的成功。培养并拥有阳光稳定的心态，你将以一种积极、健康和高效的方式与别人交流，并以正确的行动去实现真正有意义的生活。所以，阳光稳定心态这一黄金定律又被称为"我能，我要(I CAN I WILL) 哲学"。

许多人为阳光稳定心态这一黄金定律的发展作出了贡献。威廉·詹姆斯构建了一个实用主义的思想体系。他毕业于哈佛医学院，后在该校教授解剖学、生理学、心理学和哲学课程。根据实用主义思想，结果重于过程，思想指导行动。如果不把思想付诸行动，那它就是无用的思想。詹姆斯写道：不要害怕生活，要相信生活是有意义的，只要你相信，生活就会有意义。

詹姆斯的同时代人崇拜他的理论，他的身边也聚集了许多追随者。他认为，生活是一场悲观与乐观的较量。詹姆斯强烈反对消极思维方式。消极的思想让人失败和多疑。詹姆斯认为：世界充满了可能性，如果人们努力去挖掘内在的潜力，就会大幅提升自己。同时代人最大的进步之一是发现了一个真理，即首先改变自己的内在心态，才能改变外部世界。

拿破仑·希尔是黄金定律的另一位实践者。他一生致力于研究无数成功人士，从中总结出了一套包括17条法则的实用的个人成功学。他把这些法则融入他的多本著作中，如《成功法则》、《思考致富》及其他自助类图书。希尔发现，他研究的成功人士都拥有阳光的心态。例如，安德鲁·卡内基执着地认为，生活中任何值得拥有的东西都值得为之努力。这个世界没有不应该、做不到、我不行，只有"我能，我要！"这是黄金定律，也是面对人生最好的状态。

同学们，现在的你是否坚定了要培养阳光稳定心态的决心呢？去尝试一下吧，少年时代的你们就像一棵小树，需要不断修剪完善旁枝树杈，才能长得笔直挺拔。推荐大家可以多读一些性格分析或励志类的图书，比如《少有人走的路》、《因为痛，所以叫青春》、《做最好的自己》等，结交高素质的朋友，融入高质量的圈子，潜移默化中改变自己的想法和思维，善于学习，善于思考，为培养自己健康阳光的心态而努力！

自我完善

根据行动锦囊与方法指导,结合职业自测,你的心理状态还有哪些需要完善的方面:

1.

2.

3.

第二节　培养自主创新的工作作风

自我测试

测试一

对以下 A 或 B 中,符合你平常的感觉或你经常要做的,就圈上其中的一个。

注:回答问题没有正误之分。

1. 你是否更关心或更重视:

A. 人的感情

B. 人的权利

2. 当你必须会见一个陌生人时,你是否觉得:

A. 这是很费力的事

B. 这是愉快的,至少不费力

3. 常与 A 还是与 B 类人相处的好些?

A. 富于想象力的人

B. 讲究实际的人或现实的人

4. 和别人在一起时是否很自然地显得

A. 文静、不多说话

B. 善于交际

5. 以下两种人，你认为哪一种人更值得人尊重？

A. 感情真挚的人

B. 一贯负责的人

6. 你认为你自己

A. 比一般人更加热情

B. 不像一些人那样激动或兴奋

7. 你和许多人一道工作时是否喜欢：

A. 按既定的方式办事

B. 自己想办法去做

8. 以下两点，你对哪一点更感到恼火？

A. 凭想象构成的理论

B. 不喜欢讲理论的人

9. 称赞某个人时，哪一种说法更有分量？

A. 一个有眼力的人

B. 一个有常识的人

10. 你多半是 A 还是 B

A. 让你的心管你的脑子

B. 让你的脑子管你的心

11. 你在谈话方面属于下列哪种情况？

A. 几乎能对任何人不费力地谈，要谈多少，就谈多少

B. 只对某些人或只在某种特定的情况下才有很多话可说

12. 你认为 A 或 B 哪样做更糟？

A. 显得过分热情

B. 不表同情

13. 假如你是个教师，你要教 A 还是 B？

A. 理论性的课程

B. 讲实务的课程

14. 你遇到一个陌生人，你认为这个人能

A. 立刻告诉你，你感兴趣的事情

B. 只在跟你熟悉以后才能告诉你

15. 在一大群人当中，你常常：

A. 介绍别人互相认识

B. 让别人介绍你和他人认识

测试二

圈你喜欢的一个词：

16.	A 同情	B 先见之明
17.	A 公正	B 怜悯
18.	A 生产	B 设计
19.	A 文雅	B 坚定
20.	A 不加批判	B 批判的
21.	A 沉静	B 活泼
22.	A 朴实的	B 多文采的
23.	A 富有想象力的	B 讲究实际的

每答案记 1 分

外向	内向	知觉	直觉	思考	感情
2B____	2A____	3B____	3A____	1B____	5A____
4B____	4A____	7A____	7B____	5B____	10A____
6A____	6B____	6A____	8B____	10B____	12B____
11A____	11B____	9B____	9A____	12A____	16A____
14A____	14B____	13B____	13A____	16B____	17B____
15A____	15B____	18A____	18B____	17A____	19A____
21B____	21A____	22A____	22B____	19B____	20A____
		23B____	23A____		
总计____	总计____	总计____	总计____	总计____	总计____

CM——职业性向评估参考资料

情绪定向

内向：喜欢宁静致远，集中思考问题，不受干扰，即使将问题与别人商谈，仍满足于自己解决处理。犹豫不决，退避三舍，明哲保身。用怀疑的眼光审视一切，感情不外露。对组织中个人解决问题决策中会介入个人看法，结果不能采取立即适应外界情况的步骤。

外向：喜欢工作多样性并有所行动，对缓慢事物会很不耐烦。性格开朗，坦率耿直，与人随和，易适应环境且有归属感，易于驱散疑虑而不顾一切冒险前进。很会与人交往、善于待人接物。外向者可能是扮演管理者的主要条件之一，理由是能看清问题并能与别人或通过别人解决问题。但一个极端外向的人，为了外界条件和要求而完全沉浸于自己的工作，毫不关心别人。

工作作风

知觉型：这种人不喜欢研究新问题，只习惯于使用标准的解决问题的方法，例如例行事务。对日常工作有耐心，而且做事准时无误。知觉型多半知足，绩效良好。在组织生活中专心执行任务，照章办事。许多底层工作都有经久不变的规定，甚至较为琐碎，知觉型的人适合做这种工作，他们只要运用最小的权限就可解决问题，知觉型的人不愿意处理无法捉摸的问题，知觉型的人对在情况模糊时作出决定而感到不安。但不是说职位低者都是知觉型的。

知觉型的特点：

1. 喜欢有解决问题的规范做法。
2. 喜欢运用自己已有的技能，不喜欢学习新技能。
3. 通常是一直做完工作，不会留尾巴。
4. 如果事情变得复杂化了，会觉得不耐烦。
5. 不喜欢创新，也没有创新的抱负。

直觉型：这种人不喜欢例行事务，喜欢解决新问题，能不费力地一下子得出问题的结论，不愿意为了更准确地了解情况而多花时间，看外界事物时注意全局和整个环境。在稳定情况中感到不自在，会寻求一些可能做到的事来做。直觉型在商界、政界、企业家、经纪人等常见。该类管理者会轻视管理理论，需要通过管理知识的整合来弥补主观上和直觉上的不足。

直觉型的特点：

1. 在解决问题时倾向于重新认识问题。
2. 几乎能同时想到各种不同的方案。
3. 了解了一个问题，找出解决问题的不同办法并评估每一个办法的结果。有时，也会立即回到老路上去，重新估计真正的问题所在。
4. 很快考虑选择性方案，也很快放弃这些方案。

感情型：这种人感情丰富，懂得如何对待人、照顾他人的情绪，喜欢融洽和谐。爱用赞扬语气，不愿将不愉快的事情告诉家人；对人表示同情，和多数人相处得好，能附和或迎合别人，会做出别人（同事、下属和上司）赞同的决定。尽可能避免那些会造成矛盾的问题，如果无法避免或消除成见，就向往能被人接受的那一面改变立场。与人保持关系比关心成就更重要。这一类型的经理很难解雇绩效不佳的下属，作决定总是强调人的情绪和人的因素。

感情型的特点：

1. 解决问题，取悦于人。

2. 对别人的问题，反应快并表示同情。

3. 在处理问题时，重视人的各个方面。

4. 认为缺少效力或效率的原因多半在于人群关系及其他人为的困难。

思考型：重思考不重感情，喜欢分析问题，把事情按逻辑次序排列；有时会训斥下属，显出一付铁石心肠，只与其他思考型的人相处得好。这一类型的人的活动和决策往往受知识情况的支配，并按照外界情况和一定的准则作出决策。尽量使解决问题的办法符合标准化，其结果将不考虑任何人的因素，不顾健康情况、不顾财力和家庭，即使对作为决策者本身的利益有影响也会一意孤行。思考型的作用如果显著的话，通常是富有建设性的。因为作用结果会出现新事物、新概念或新模式。

思考型的特点：

1. 作出计划并寻找解决问题的方法。

2. 非常注意对待问题的方式方法。

3. 谨慎地确定问题中的有哪些制约因素。

4. 反复分析研究问题。

5. 有条不紊地寻找更多的信息。

思考型和感情型的不同之处在于前者依赖认识过程，即以概括性的正误判断或以正规的推理系统为依据，而后者会按照好与坏、愉快与不愉快、喜爱与不喜爱的个人看法来评价事物。

一个人在一生中固定的属于某一种类型，会随着时间、地点、场合的不同而有不同的显现。

综合

知觉与感情型作风（N&F）：

这些人感兴趣的是可用感官直接验证的事实和关于人的事情，对人显得友好、得体、同情，因而易受到人们的赞许。如果让这些人设计一个理想的组织机构，他们会描绘一个层次分明、规章周全的组织，使成员需求得到满足，很好地调动员工的积极性。知觉与感情作风善于从事与人们接触较多的工作，如销售工作，从事某种直接监督、商谈、讲解、双方合作的工作。对于这些人来说，组织的有效性在于职工的忠诚、人群关系的质量以及职工高情绪、高出勤率和正确的态度。

直觉与感情型作风（S&F）：

具有这种作风的人注意任何变动的可能性，如变更项目或工作方法，注意任何可能发生的事情；按满足个人需要和社会需要来对待可能发生的事情；少讲具体问题，而注意广泛的课题，如与本单位的人目的有关的课题——为客户服务，为社会服务。对这些人来说，理想的组织是分散权力的，各部门有灵活的权限，不必有强有力的领导人，也不需要严密的规章和准则；喜欢有适应环境的组织；按民主的方式进行经营。对这种作风的人来说，组织的有效性在于自己有社会责任感，消费者有满足感，领导者有发现新机会的能力等。

知觉与思考型作风（N&T）：

该种作风的人着重了解外界情况和分析某个具体问题及其细节。喜欢从原因到结果一步一步地推理，注意逻辑性。愿与物质打交道有时超出愿与人打交道。对迟迟未能解决问题感到焦虑不安，在应对人际冲突时缺乏敏感性，认为惩罚手段最有效。强调等级制度和现有短期目标。如果让该种人说出理想的组织，会提出极端官僚的机构形式，例如规定每个职位该做什么、不该做什么。他们对处理组织中有关物质方面的事务感兴趣，如会计、生产、市场研究、计算机程序设计员、工程、统计、图书资料管理等。这种作风的人认为组织的有效性在于每个推销员的销售量，售出的每一块钱的库存费用、每一生产单位的废料损失、投入资本的回收率、短期利润。

直觉与思考型作风（S&T）：

该种作风的人不强调人的因素，分析问题不带有主观色彩和个人感情。注重问题理论或技术上实现的可能性。不主张把职位定得很死，具有概括思维。把变化复杂的问题看得富有挑战性；喜欢变革，发展新目标或找出解决问题的办法。一旦设计完成或者变革成功，会让别人接下去做。在稳定的情况下，常感到不满足，希望不断提高自己和他人的工作标准。直觉思考型和知觉思考型形成对照，前者对事情总是喜欢问"为什么"，而后者更关心"什么"和"怎么样"，直觉和思考型的人常观察组织各部分之间的关系、组织与环境间的关系，分析一个组织的权力结构。该种作风的人的理想组织是：组织目标与环境需要相一致，目标也与组织成员的需要相一致。他们认为组织的有效性在于新产品的开发比率，市场份额、资本成本、企业收益和长期利润的增长。喜欢从事大局的工作，愿担任中高层经理职位，也适于设计员、分析员、建筑师、教师（经济学、商业经营方面）、律师或工程师。

从解决问题作风的不同可以看到人的差别，这种差别受到个人智慧、价值观等特征的影响。在管理经营上取得成就者多是具有综合决策作风的人。

行动锦囊

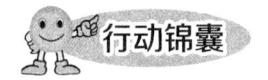

一、了解两个概念

首先了解两个概念，分别是创新和工作作风。创新这个词起源于拉丁语，它原意有三层含义：第一，更新；第二，创造新的东西；第三，改变。从社会学的角度出发，创新是指人们为了发展需要，运用已知的信息和条件，突破常规，发现或产生某种新颖、独特的有价值的新事物、新思想的活动。创新的本质是突破，即突破旧的思维定势、旧的常规戒律。创新活动的核心是"新"。

工作的概念是劳动生产，主要是指劳动，通过工作来产生价值。而作风是在思想、工作和生活等方面表现出来的态度或行为风格。因此，工作作风一词，也就是人们在工作或称为劳动过程中所体现出来的行为特点，它是贯穿于工作或劳动全过程中的一贯的风格。那么好的工作作风有哪些呢？比如办事认真，一丝不苟；讲究效率，雷厉风行；谦虚谨慎，忠于职守；勤奋好学，精通业务；遵守纪律，严守机密；尊重领导，团结群众；任劳任怨，脚踏实地；勇于开拓，顾全大局等。

二、认识重要性

创新，是一个国家、民族进步的灵魂，是一个国家兴旺发达的不竭动力。生活中，因循守旧的陋习尚存，然社会、历史的车轮却仍滚滚向前。时不我待，习近平总书记曾说：创新驱动，切勿等待观望；习近平还强调，我国科技发展的方向就是创新、创新、再创新。因此，以创新为"利器"，革除"坏习惯"势在必行，意义深远，至关重要。开拓创新的重要性体现在两个方面：

1. 优质高效需要开拓创新

（1）服务争优要求开拓创新。

（2）盈利增加仰仗开拓创新。

（3）效益看好需要开拓创新。

2. 事业发展依靠开拓创新

（1）创新是事业快速、健康发展的巨大动力。

（2）创新是事业竞争取胜的最佳手段。

（3）创新是个人事业获得成功的关键因素。

三、明确一个误区

要明确一个误区，那就是企业需要勇于创新的人才，并不是说不喜欢循规蹈矩的人，而是希望发挥你的潜能，将自己所学的知识用于工作中，不断改进工作环节中的不足之处，提高工作效率。遵守公司的规章制度，并不是墨守成规，好的制度一定要遵守的。提升你的工作质量是必须要做的。创新和按部就班不矛盾，千万不要把创新和不遵守规矩混为一谈。

同学们，知识经济时代已经到来，知识经济的一个显著特征就是创新当今时代，掌握知识的多少已不再是衡量人才的唯一标准，更重要的是是否具有迅速学习掌握知识的本领和进行创新的能力。所以，作为年轻人，必须增强创新意识，就是要敢想、敢闯、敢试。

方法指导

创新能力是一个民族进步的灵魂，是一个人成功的必备条件，那么一个人如何才能具备创新能力，才能提高自己的创新能力呢？

一、不满足现状

不满足是向上的车轮，不满足现状才会有所追求、有所创新，每天要学会告诉自己做得不够好，还需要改变一下目前的状况，让自己的事业还能不能更上一层楼，在强烈的成就欲望下就会有积极的创新力了。

二、有危机意识

生于忧患，死于安乐，人处在困境中才会容易激发自己奋斗的力量，不要贪图享乐，感觉自己的生活好了，就放弃了进取，开始过安逸的生活了，那早晚会有坐吃山空的那一天，告诉自己还要进取创新，时刻保持忧患意识，正所谓：人无远虑，必有近忧。

三、学会思考和质疑

一个人勤学好问、大胆质疑，才能有所成就，遇到事情多问几个为什么，要学会刨根问底，寻求事物的根源，还要大胆质疑，有怀疑的精神，多观察，多思考，才会让自己变得更聪慧。

四、不迷信权威

很多人都习惯相信经验，相信一些定理、真理，更相信一些权威人物专家所说的话，要想有创新能力，就不能什么都相信别人的，经验也不是完全正确的，尤其是一些过去的经验，要多思考是否已经跟不上时代的发展和现状了。

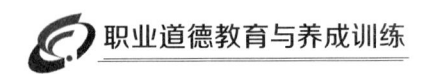

五、不人云亦云

要想提高自己的创新能力，就必须有自己的思想和做法，不能人云亦云，别人说什么就是什么，更不要别人都那样做，自己也那样做，更要学会跳出传统的思想定势，不要走大家都走的路而放弃了探索捷径，多思考，对某一件事情要有自己的想法和看法，才能提高自己的思维能力和创新能力。

六、不怕犯错失败

要想成功，想提高自己的创造力，就不能怕犯错，每天担心自己犯错，不敢越雷池一步，怕风险，墨守成规，这永远不会有所成就的。更不能怕失败，只有失败了，在失败中总结经验，失败了再爬起来才会成功。失败才是实践，才是经历，多实践多经历才能提高创新力。

七、多听多学多严谨

遇到问题多听听大家的意见，集思广益，多向有经验的人学习，但不迷信，不盲目崇拜，有自己的主见，靠自己的思考分析哪种方法最适合，遇到动手操作的事情时，一定要动手实践一下，在实践中找到最好的方法。提高创新能力，还必须做任何事情都要一丝不苟，有严谨的工作作风，对自己要求比较严格，才能什么事情都比较出色。

八、问题有多个解决方案

下次处理问题的时候，尝试寻找各种解决方案。不要简单地依赖你最初的想法，花时间去思考下其他可能的办法来处理这种情况。这个简单的举动对于培养你解决问题能力和创造性思维都是一个很好的方式。

九、尝试"六顶帽子"技巧

"六顶帽子"的方法是指从六个不同的视角来看问题。通过这样做，你就可以产生更多的想法，而不是像以往那样你可能只从一两个视角看问题。

红帽子：情感看问题。你有什么感受？

白帽子：客观地看问题。事实是什么？

黄帽子：使用积极的观点。这个解决方案的哪些部分行得通呢？

黑帽子：使用消极的观点。这个解决方案的哪些部分行不通呢？

绿帽子：创造性的思考。其他变通的想法有哪些？

蓝帽子：广泛地思考。最好的整体解决方案是什么？

十、变成一个专家

发展创新能力的最好方法之一就是成为这一领域的专家。通过对课题的深入理解，你将能够更好地去思考问题，提出新颖的或者创新的解决方案。

十一、克服阻碍创新的消极态度

根据在美国国家科学院学报上发表的 2006 年的一项研究指出，积极的情绪能够提高你创造性的思考能力。据这项研究报告的首要作者亚当·安德森博士说："如果你正在做需要有创意的工作，或者在一个智囊团，你会想在一个有好心情的地方。"着重消除那些可能会损害你发展创新能力的消极想法或自我批评。

十二、全身心投入

要全身心投入地去发展你的创新能力，不要放弃你的努力。设定目标，争取别人的帮助，每天花点时间发展你的创新技能。

应用举例

在"灰头土脸"的电工队伍中，有这么一位"创新达人"，他叫李增红，中铁上海工程局市政工程有限公司员工，曾荣获中国中铁劳动模范、上海市劳动模范等称号。1991 年从襄樊技校毕业后，他先后辗转于铜陵、昆明、长沙、合肥、南京、上海等地，20 余年一直在施工现场从事电工技术、电力设备维护工作。他拥有以自己名字命名的电工技能大师工作室，还手握 4 项国家级发明专利和 7 项国家实用性专利。

在常人眼里，"头戴安全帽，身挎电工包，上至检查电路，下至更换电灯"，就是一位普通电工的身影。可谁也没有想到，从注浆压力传感器制作到顶管掘进机研制，24 年来共有 15 项发明革新在李增红手中诞生。其中 4 项被评为国家级发明专利，7 项被评为国家实用性专利，累计创造经济价值 2000 多万元。人们不禁要问：李增红是靠什么实现技术创新的呢？"师傅有两大爱好，一是爱琢磨，二是爱鼓捣。"徒弟的回答道出了李增红成为"创新达人"的真谛——不仅工作负责，还富有创新精神。是的，起初只有初中文化程度的李增红，就立誓要成为一名"合格的电工"。从此以后，他抓紧一切机会学习电工知识和技能。24 年间，李增红记下了超过 30 本的工作笔记，这 15 万字的记录无声地述说着这位电工"创新达人"的创新历程，成为他独一无二的技术财富。李增红，从一位普通电工成长为"创新达人"，再次印证了"三百六十行，行行出状元"之理。创新与否不仅在于工作属性，更在于干工作的人有没有创新的责任和激情。诚如李增红自己所言:"不想创新的电工,很难说是一个合格的电工。我就是想通过自己的努力,让人们的生活更美好。"有了创新的责任和激情,哪怕学历再低,也可以通过刻苦攻读迎头赶上;哪怕工作再忙,可以利用业余时间补充;哪怕机会再少,可以创造环境捕捉机会。

通过学习李增红的故事,有什么样的收获和感受?请与同学们一起交流和分享。同时根据自己的职业目标与所学的专业,结合榜样力量,确定职业梦想和坚定职业信念,培养创新意识和自主创新的工作作风。

自我完善

根据行动锦囊与方法指导,结合职业自测,你的自主创新的能力和工作作风还有哪些需要完善的方面:

1.

2.

3.

附录一　企业优秀员工标准

1. **坚持操守而虚心学习**

所谓操守，就是企业理念。只有始终不忘企业理念的员工，才可能谦虚，才可能与同事齐心协力，也只有这样，才能实现企业的使命，经常不忘初衷又能谦虚学习的人，才是企业最需要的员工。

2. **有责任意识**

这就是说，处在某一职位、某一岗位的干部或员工，能自觉地意识到自己所担负的责任。有了自觉的责任意识之后，才会产生积极、圆满的工作效果。没有责任意识或不能承担责任的员工，不可能成为优秀的员工。

3. **积极主动、注重行动**

具有积极思想的人，在任何地方都能获得成功。那些消极、被动地对待工作，在工作中寻找种种借口的员工，是不会受到任何人欢迎的。

4. **像爱护家人一样爱护企业**

除了睡觉，每个人有一大半的时间是在工作中度过的，企业是自己的第二个家。优秀的员工都具有企业意识，能和企业同甘共苦。

5. **处处多为团体着想**

每一个员工都应该清楚，所有成绩的取得都是团队共同努力的结果。企业员工共同的凝聚力是最具价值和意义的。

6. **具有旺盛的工作热情**

人的热情是成就一切的前提，事情的成败与否往往是由做这件事情的决心和热情的强弱而决定的。碰到问题，如果拥有非成功不可的决心和热情，困难就会迎刃而解。

7. **具有创新工作能力的员工**

我相信，每一个企业都欢迎这样的员工，因为创造力和创新能力是企业发展的永恒动力。

有正确的价值判断能力的员工。

价值判断包括多方面的内容，例如对人类的看法、对人生的看法，对公司经营理念的看法、对日常工作的看法等。

8. **有自主工作能力**

如果一个员工只是照上面交代的去做事以换取薪水，只会原地踏步。每一个人都应该有自我提高的意识，必须以预备成为老板的心态去做事。如果这样做了，在工作上一定会有种种新发现，其个人也会逐渐成长起来。

9. 能争取上司的认同

争取上司的认同主要指提出自己对工作的建议，并促使上司同意；或者对上司下达的任务提出自己的看法，促使上司修正。如果一个企业里连这样一个向上司谏言的人都没有，企业内部就有很大的问题；如果有10个人能在决策上对上司有所帮助，那么企业就会有光明的发展前途；如果有100个具备这种能力的人，那企业的发展会更加辉煌。

附录二　企业不合格员工的表现

1. 不良的工作习惯

不良的工作习惯自然会影响个人的职业前途。这样的习惯可能有很多：投机取巧、马虎轻率、浅尝辄止、寻找借口、嘲弄抱怨、吹毛求疵、消极被动、拖拉逃避……不管是其中的哪一种，都足以让你的上司和老板对你深恶痛绝。一旦你沾染上这些不良的习惯，你失业的日期也就指日可算了。

2. 漠视工作质量

质量可以说是一个企业的生命。产品质量或者服务质量不可靠，就等于把自己的出路给堵上了。一个漠视工作质量的员工就是在漠视自己的工作，他的工作不可能为企业创造任何有用的价值，相反，他为企业带来了损失。没有哪个老板愿意留住那些不能为自己创造有用价值的员工。

3. 在人际交往上花费无谓的精力与时间

溜须拍马、讨好上司，或者拉帮结派、笼络同事的做法只能让人瞧不起。如果你把大部分的精力和时间花在这些无谓的人际上，你所得到的只是双重损失。你损失了别人对你的敬重，你损失了宝贵的工作时间和精力。最惨的是，不久，你将被上司当作"小人"一样被"炒掉"。

4. 工作缺乏主动性

为什么不自动自发地工作呢？在没有人要求你、强迫你的情况下，自觉、主动而出色地把事情做好的人最能得到老板的信任和重用。相反地，只做别人交代的工作，或者连别人交代的工作都做不好的人，迟早会惹人厌烦。这种人会成为第一个被裁员的人，或是在同一个单调而卑微的工作岗位上耗费终生的精力。

5. 沟通技巧很糟糕

好口才会有好命运，善沟通才能有好人缘。一个不能和别人顺畅沟通的人只能让自己的才能和业绩被淹没，只能和别人产生误会，淡漠和上司以及同事之间的感情。一旦你成为一个可有可无的人或者一个不招人喜欢的人，你的命运就是遭遇淘汰。

6. 不能被依靠

不被他人所依靠，不被他人所需要，那恰好证明你没有多少价值，你的职位可以被别人轻易取代，即使炒你的鱿鱼也不会对老板有什么损失。

真正优秀的员工会让老板需要自己，在关键时刻依靠自己。因为有所求，会让老板铭记不忘。

7. 不愿意从事自己工作范围之外的事情

的确，任何员工都没有义务做自己职责范围以外的事情，但是一旦临时有事，你坚持"不做自己工作范围以外的事情"的原则，推脱同事的求助和老板的安排，你将不得人心，长此以往，即便你不丢失自己的饭碗，也会原地踏步，得不到提升。

附录三　比尔·盖茨给青年人的11条准则

社会的竞争是人才的竞争，企业的竞争也是人才的竞争。如何培养造就自己是每一个有远见的人最关注的事情。青少年正在成长的过程中，对于自己的发展一定要有一个长远的规划。比尔·盖茨是青少年心目中的偶像之一，对青少年来说，学比尔·盖茨，不仅是学他怎么赚钱，更主要的是要了解他财富背后的思想道德和做人准则。比尔·盖茨也曾经和我们一样不名一文，但他知道如何利用自身的优势去抓住身边的机遇，于是，他成功了，拥有了自己渴望的一切，比如名声、地位、金钱等。在他的这些财富后面，还隐藏着一种更为根本的东西，那就是让他成名或致富的秘密，让他跌倒后重新站起来的经验教训，他经年累月与人、与物周旋所摸索出来的黄金法则，他在关键时刻力挽狂澜的精神支持，这是比黄金更为宝贵的无形资产。正是靠着它们，盖茨走到了让我们无限钦羡的人生巅峰。

有这样一句话被不少人奉为经典："许多人都以为生活是由偶然和运气组成的，其实不然，它是由规律和法规组成的。"规律是事物最本质的内涵，是事物兴衰成败的黄金法则。比尔·盖茨给青少年的11条准则就是盖茨先生从自己生活的方方面面，以及他从小到大的个人经历中总结出来的成功经验和人生智慧。比尔·盖茨的成功法则就是一部智慧宝典，我们不妨可以看作"财富背后的财富"。这些准则旨在告诉青少年朋友如何做人、如何面对生活、如何走向成功的人生。因此，我们发现只有自觉地去发掘、掌握这些准则，才能读懂伟人和平凡人之间的相通之处，才能找到从平凡到伟大的最为可行可靠的途径，从而跃过障碍、绕过陷阱而一步步地接近成功、成就大业。

第 1 条准则：适应生活

生活是不公平的，要去适应它。命运掌握在自己手中。

第 2 条准则：成功是你的人格资本

这世界并不会在意你的自尊。这世界指望你在自我感觉良好之前先要有所成就。

成功是人生的最高境界，成功可以改变你的人格和尊严，自负是愚蠢的。

第 3 条准则：别希望不劳而获

高中刚毕业的你不会一年挣 4 万美元。你不会成为一个公司的副总裁，并拥有一部装有电话的汽车，直到你将此职位和汽车电话都挣到手。

成功不会自动降临，成功来自积极的努力，要分解目标，循序渐进，坚持到底。

第 4 条准则：习惯律己

如果你认为你的老师严厉，等你有了老板再这样想。老板可是没有任期限制的。

好习惯源于自我培养。

第 5 条准则：不要忽视小事

烙牛肉饼并不有损你的尊严。你的祖父母对烙牛肉饼可有不同的定义，他们称它为机遇。

平凡成就大事业。

第 6 条准则：从错误中吸取教训

如果你陷入困境，那不是你父母的过错，所以不要尖声抱怨，要从中吸取教训。

第 7 条准则：事事需自己动手

在你出生之前，你的父母并非像他们现在这样乏味。他们变成今天这个样子是因为这些年来他们一直在为你付账单、给你洗衣服、听你大谈你是如何的酷。所以，如果你想消灭你父母那一辈中的"寄生虫"来拯救雨林的话，还是先去清除你房间衣柜里的虫子吧。

不要总靠别人活着，要凭借自己的力量前进。

第 8 条准则：你往往只有一次机会

你的学校也许已经不再分优等生和劣等生，但生活却仍在做出类似区分。在某些学校已经废除不及格分，只要你想找到正确答案，学校就会给你无数的机会。这和现实生活中的任何事情没有一点相似之处。

机遇是一种巨大的财富，机遇往往就那么一次，也许你"没有机会"，但可以创造。

第 9 条准则：时间，在你手中

生活不分学期，你并没有暑假可以休息，也没有几位雇主乐于帮你发现自我。自己找时间做吧，决不要把今天的事情拖到明天。

第 10 条准则：做该做的事

电视并不是真实的生活。在现实生活中，人们实际上得离开咖啡屋去干自己的工作。

第 11 条准则：善待身边的所有人

善待乏味的人，有可能到头来你会为一个乏味的人工作。善待他人就是善待自己，要用赞扬代替批评并主动适应对方。

附录四 各行业从业人员职业守则

职业道德规范是各个行业从业人员必须遵循的基本规范，只是由于各行业的性质不同，服务对象和内容不同，在职业道德规范的基础上，各行业对从业人员的职业道德规范也做了一些具体的规定。

一、加工中心操作工的职业守则

1. 遵守国家法律、法规和有关规定。
2. 具有高度的责任心、爱岗敬业、团结合作。
3. 严格执行相关标准、工作程序与规范、工艺文件和安全操作规程。
4. 学习新知识新技能、勇于开拓和创新。
5. 爱护设备、系统及工具、夹具、量具。
6. 着装整洁，符合规定；保持工作环境清洁有序，文明生产。

二、车工、钳工、维修电工等的职业守则

1. 遵守法律、法规和有关规定。
2. 爱岗敬业、具有高度的责任心。
3. 严格执行工作程序、工作规范、工艺文件和安全操作规程。
4. 工作认真负责，团结合作。
5. 爱护设备及工具、夹具、刀具、量具。
6. 着装整洁，符合规定；保持工作环境清洁有序，文明生产。

三、电气设备安装工的职业守则

1. 爱岗敬业、忠于职守、履行职责、完成任务。
2. 认真负责、尽心服务、文明施工、安全第一。
3. 团结协作、维护集体、保证质量、保护环境。
4. 刻苦学习、钻研技术、精心施工、勇于创新。
5. 遵纪守法、实事求是、勤俭节约、爱护设备。

四、焊工的职业守则

1. 遵守国家法律、法规与政策和企业的有关规章制度。
2. 爱岗敬业、忠于职守、认真、自觉地履行各项职责。
3. 工作认真负责,严于律己,吃苦耐劳。
4. 刻苦钻研业务,重视岗位技能训练,认真学习专业知识,努力提高劳动者素质。
5. 谦虚谨慎、团结合作、主动配合工作。
6. 严格执行焊工工艺文件和岗位规程,重视安全生产,保证产品质量。
7. 坚持文明生产,创造一个清洁、文明、适宜的工作环境,塑造良好的企业形象。

五、汽车修理工的职业守则

1. 遵守法律、法规和有关规定。
2. 爱岗敬业,忠于职守,自觉履行各项职责。
3. 工作认真负责,严于律己。
4. 刻苦学习,钻研业务,努力提高思想和科学文化素质。
5. 谦虚谨慎,团结协作,主动配合。
6. 严格执行工艺文件,保证质量。
7. 重视安全、环保,坚持文明生产。

六、厨师的职业守则

1. 良好的思想品德,作风正派,有较强的事业心和责任感。
2. 热爱本职工作,坚守工作岗位,严格遵守操作规程,确保菜肴质量。
3. 有良好的心理素质,有宾客至上的职业道德观,能正确对待客人的投诉,一切让宾客满意。
4. 注意节约,杜绝浪费,不私吃私拿集体的物品和食品。

5. 热爱集体，诚恳待人，心胸开阔，助人为乐，要树立本身自尊、自重、自强的自豪感。

6. 掌握食品卫生知识，搞好厨房卫生，严格执行生产安全，了解消防知识。

7. 讲究礼貌，工作时间内不吸烟，有良好的卫生习惯，树立员工对仪表仪容的认识。

8. 站立姿势要端正，遇有主管部门或客人检查，参观厨房，表示欢迎，不可端坐无礼。

9. 工作时，不准与楼面工作人员随便嬉戏、闲聊、打闹。但是，要与楼面工作人员相互支持、帮助，在工作中要做到协调、配合、相互尊重、团结一致，完成工作任务。

七、形象设计人员的职业守则

1. 遵守国家的法律法规和行业的制度。
2. 热爱本职工作，工作态度要认真严谨。
3. 乐于学习，健全心智，提高自身素质。
4. 文明礼貌，配合同事雇主及上级领导的工作。
5. 对待任何顾客都要友善、公平，不要厚此薄彼。
6. 与顾客交流时要注意倾听，培养悦耳动听的声音。
7. 言而有信，尽职尽责。

八、计算机专业人员的职业守则

1. 有关知识产权

在使用计算机软件或数据时，应遵照国家有关法律规定，尊重其作品的版权，使用正版软件，坚决抵制盗版，尊重软件作者的知识产权；

不对软件进行非法复制；

不要为了保护自己的软件资源而制造病毒保护程序；

不要擅自篡改他人计算机内的系统信息资源；

2. 有关计算机安全

不要蓄意破坏和损伤他人的计算机系统设备及资源；

不要制造病毒程序，不要使用带病毒的软件，更不要有意传播病毒给其他计算机系统（传播带有病毒的软件）；

要采取预防措施，在计算机内安装防病毒软件；要定期检查计算机系统内文件是否有病毒，如发现病毒，应及时用杀毒软件清除；

维护计算机的正常运行，保护计算机系统数据的安全；

被授权者对自己享用的资源负有保护责任，口令密码不得泄露给外人。

九、装饰美工的职业守则

1. 热爱本职工作，自觉履行装饰美工职责。

2. 认真领会设计，精心绘制，精心制作。

3. 互相协作，密切配合，共同完成任务。

4. 听从指挥，服从分配，遵守劳动纪律。

5. 钻研业务，不断提高专业技能水平。

6. 遵守安全法规，文明施工，牢固树立安全意识。

十、旅游行业服务人员的职业守则

1. 爱岗敬业，遵纪守法。

2. 热情服务、宾客至上。

3. 诚实守信，公私分明。

4. 团结协作，顾全大局。

5. 一视同仁，不卑不亢。

十一、会计从业人员的职业守则

1. 爱岗敬业：热爱本职，勤奋努力，钻研业务，尽职尽责。

2. 诚实守信：以诚为本，操守为重，言行一致，忠于职守。

3. 廉洁自律：公私分明，不贪不占。

4. 客观公正：办理业务端正态度，实事求是，不偏不倚。

5. 坚持准则：熟悉国家法律、法规和国家统一的会计制度，始终坚持按法律、法规和国家统一的会计制度的要求进行会计核算，实施会计监督。

6. 提高技能：熟悉财经法律、法规和相关的会计制度，结合会计业务进行宣传与运用以适应工作的需要。

7. 参与管理：有高度的服务意识，文明的服务态度，优良的服务质量。

8. 强化服务：保守企业机密，不得私自向外界提供或者泄露本公司的会计信息。

十二、物流从业人员的职业守则

1. 忠于职守，诚信待人。

2. 团结协作，顾全大局。

3. 爱岗敬业，遵纪守法。

4. 钻研业务，讲究效率。

5. 保守秘密，保证安全。

6. 勇于开拓，善于创新。

十三、电子商务从业人员的职业守则

1. 忠于职守，坚持原则。

2. 兢兢业业，吃苦耐劳。

3. 谦虚谨慎，办事公道。

4. 遵纪守法，廉洁奉公。

5. 恪守信用，严守机密。

6. 实事求是，工作认真。

7. 刻苦学习，勇于创新。

8. 钻研业务，敬业爱岗。

十四、商业从业人员的职业守则

1. 热爱商业工作，确立职业的责任感与荣誉感，摒弃轻视商业和服务性工作的陈旧观念。

2. 严守商业信用，诚信无欺，公平交易，实事求是地介绍商品，严格执行国家价格政策。

3. 优质服务，文明经商，对顾客一视同仁，出售商品货真价实，不以次充好，不缺斤短两，态度和蔼，待客热情，服务周到，方便群众。

4. 爱护商品，讲究卫生，不出售变质的食品、药品。

5. 严格执行有关规定，不私买私卖，不以营业权谋私利，接受群众监督，欢迎群众批评，坚决同商业领域的不正之风作斗争。

十五、乘务员的职业守则

1. 热爱本职，忠于职守。

2. 文明待客，热情服务。

3. 遵章守纪，顾全大局。

4. 仪表端正，车（舱）容整洁。

5. 钻研业务，讲究艺术。

6. 团结互助，协作配合。

7. 见义勇为，弘扬正气。

8. 讲究信誉，诚信无欺。

9. 拾金不昧，物归原主。

十六、酒店服务人员的职业守则

1. 敬业乐业

热爱本职工作，遵守酒店规章制度和劳动纪律，遵守员工守则，维护酒店的对外形象和声誉，做到不说有损于酒店利益的话，不做有损于酒店利益的事。

2. 树立"宾客至上"的服务观念

使宾客有宾至如归的感觉，具体体现在主动、热情、耐心、周到四个方面。

主动：全心全意，自觉把服务工作做在客人提出要求之前。

热情：如亲人一样，微笑，态度和蔼，言语亲切，动作认真，助人为乐。

耐心：做到问多不厌、事多不烦、遇事不躁，发生矛盾时严于律己、恭敬谦让。

周到：处处关心，帮助客人排忧解难，使宾客满意。

3. 认真钻研技术

提高服务技巧和技术水平，虚心学习，干一行，爱一行，专一行，并运用到工作实践中，不断改进操作技能，提高服务质量。

4. 公私分明：勤俭节约，杜绝浪费。

5. 树立主人翁的责任感：

以主人翁的态度对待本职工作，关心酒店的前途和发展，并为酒店兴旺发达出主意、作贡献。工作中处理好个人与集体、上司、同事之间的关系，互相尊重，互相协作，宽以待人。

6. 树立文明礼貌的职业风尚，体现在：

（1）有端庄、文雅的仪表。

（2）使用文明礼貌、准确生动、简练亲切的服务语言。

（3）尊老爱幼，关心照顾残疾客人和年迈体弱的客人。

（4）严格遵守服务纪律，各项服务按操作程序和操作细则进行。

（5）在接待中讲究礼节礼貌。

十七、幼儿教师的职业守则

1. 热爱学生，循循善诱。

2. 尊重家长，互相配合。

3. 严谨治学，勇于探索。

4. 团结协作，服从领导。

5. 关心集体，和睦相处。

参考文献

1. 赵忠洁：《提高职校生职业道德修养的有效途径》[J]，《教育与职业》，2004，(30)。

2. 张丽娟：《英语课堂中如何渗透思想道德教育》，《职业技术教育》，2011，(7)。

3. 教育部高等学校社会科学发展研究中心组：《高校德育创新发展研究（2009）》[M]，北京：高等教育出版社，2010。

4. 《中华人民共和国国家职业标准实施手册》，中国致公出版社。

5. 金虹：《浅谈会计人员的职业道德》[J]，《安徽工业大学学报（社会科学版）》，2006（06）。

6. 于洪、周恒男：《关于在高校会计教学中加强职业道德教育的思考》[J]，《长春理工大学学报（社会科学版）》，2003（03）。

7. 李家详、王雯：《职业道德教育》，云南大学出版社。

8. 尹凤霞主编：《职业道德与职业素养》，机械工业出版社。

图书在版编目（CIP）数据

职业道德教育与养成训练 / 王洪军, 李玮玮, 鞠洁主编. -- 北京：中国书籍出版社, 2017.10
ISBN 978-7-5068-6592-0

Ⅰ.①职… Ⅱ.①王… ②李… ③鞠… Ⅲ.①职业道德-高等职业教育-教材 Ⅳ.①B822.9

中国版本图书馆 CIP 数据核字(2017)第 268975 号

职业道德教育与养成训练

王洪军　李玮玮　鞠洁　主编

责任编辑	丁　丽
责任印制	孙马飞　马　芝
封面设计	管佩霖
出版发行	中国书籍出版社
地　　址	北京市丰台区三路居路 97 号（邮编：100073）
电　　话	（010）52257143（总编室）　　（010）52257153（发行部）
电子邮箱	eo@chinabp.com.cn
经　　销	全国新华书店
印　　刷	青岛金玉佳印刷有限公司
开　　本	787 mm × 1092 mm　1/16
字　　数	225 千字
印　　张	11.5
版　　次	2018 年 1 月第 1 版　　2018 年 1 月第 1 次印刷
书　　号	ISBN 978-7-5068-6592-0
定　　价	32.00 元

版权所有　翻印必究